U0166814

谨以此书献给——
"中国丹霞"入选《世界遗产名录》10周年

漫话丹霞

郭福生 何小芊 闫罗彬 华丽娟 等 著

科学出版社
北京

内 容 简 介

在辽阔的中华大地上，散落着一座座丹岩峭壁、霞蔚云蒸而被称作"丹霞"的山峦，具有很高的旅游观赏和科学研究价值。本书阐述了丹霞一词的起源、丹霞地貌学术含义、丹霞文化魅力，简要介绍了"中国丹霞"世界自然遗产地六个片区的地貌成因和旅游资源特色。

本书可作为各界人士开展丹霞地貌科学考察、旅游探险或休闲度假的科普读物，也可供地质学、地理学、旅游地学及相关领域的教学和科研人员参考。

审图号：GS（2021）6065 号

图书在版编目（CIP）数据

漫话丹霞 / 郭福生等著 . — 北京：科学出版社，2022.5
ISBN 978-7-03-071047-5

Ⅰ . ①漫⋯ Ⅱ . ①郭⋯ Ⅲ . ①丹霞地貌 – 介绍 – 中国 Ⅳ . ① P942.076

中国版本图书馆 CIP 数据核字（2021）第 258351 号

责任编辑：韩 鹏 张井飞 陈姣姣 / 责任校对：何艳萍
责任印制：肖 兴 / 封面设计：马 涛 陈 敬

科学出版社 出版
北京东黄城根北街 16 号
邮政编码：100717
http://www.sciencep.com

北京汇瑞嘉合文化发展有限公司 印刷
科学出版社发行 各地新华书店经销

*

2022 年 5 月第 一 版 开本：880×1230 1/32
2022 年 5 月第一次印刷 印张：5 1/4
字数：101 000

定价：**98.00** 元

本书作者名单

郭福生　　何小芊　　闫罗彬　　华丽娟

李彬飚　　陈留勤　　文俊威　　黄宝华

吴　昊　　王　涛　　刘富军　　张炜强

序

　　从 1928 年我国第一代地质学家冯景兰在广东丹霞山命名"丹霞层"以来，丹霞地貌已有近百年的研究历史。作为我国学者发现并命名的一种特殊地貌类型，丹霞地貌在全世界广泛分布，但在我国发育最典型、研究最深入。如今，"丹霞"作为一个地貌景观词汇在我国已是家喻户晓，人们对丹霞景观的旅游热情持续高涨，以丹霞地貌为景观特色的世界自然遗产地和地质公园已经成为科学研究和地学旅游的前沿阵地。

　　当人们穿行于丹山碧水美景时，常会萌生出各种各样的问题：丹霞地貌为什么会有明艳的红色？奇形怪状的丹霞山峰、洞穴、一线天是怎样形成的？丹霞绝壁陡崖上密布排列的鹅卵石从何处而来？在为游客对地质科学的好奇心感到欣慰的同时，我们也意识到这些来自 21 世纪人类的问题与数千年前祖先的疑问并无二致。

　　如果从 1802 年美国学者普莱费尔（J. Playfair）最早研究河流对沟谷的侵蚀开始算起，地貌学已经走过了 200 多年的历程。科学进步一日千里，一代代地貌学者的努力让我们越来越有能力走向时间的深处，了解各种地貌形态的形成过程，理解地表沧海桑田的演化真谛。

然而，有意思的问题是：关于地貌成因的各种知识是否只是停留在科学家的脑海里？地貌演化模式是否还搁置在晦涩难懂的期刊论文里？我们是否应该更加积极地将这些知识分享给对地貌充满好奇心的游客，为全民科学素质提升做出更大贡献？

东华理工大学郭福生教授长期致力于丹霞地貌的科学研究工作，也是丹霞科普工作的积极践行者。《漫话丹霞》是他近四十年研究成果之集成，既全景式地介绍了中国丹霞，又澄清了一些学术争议，用引人入胜的文字和图片让读者一窥丹霞学术前沿。我有幸先睹为快，并乐意把这部科学性、文学性和趣味性兼备的科普读物推荐给广大读者，期望它带给热爱地学旅游的人们更多思考。

中国科学院院士、香港大学教授

赵国春

2021 年 4 月 22 日

前　言

　　丹霞，原指赤色云霞和红艳色彩，后引入地球科学领域专指一种特殊的地形面貌。

　　丹霞地貌是以广东丹霞山为代表而命名的一种特殊地貌类型，是由陆相红层构成的赤壁丹崖群地貌。它主要发育于中新生代陆相近水平厚层状紫红色砂岩、砾岩中，由于沿垂直节理发生风化剥落、流水侵蚀和崩塌后退等多种地质作用而形成的，通常具有"顶平、身陡、麓缓"的特征。丹霞地貌造景功能独特，具有很高的旅游观赏和科学研究价值。秀美多姿的丹山碧水，在源远流长的宗教文化、古居文化、红色文化、千古未解的崖墓之谜的衬托下，展现出无穷的魅力。

　　广东丹霞山、福建泰宁、江西龙虎山－龟峰丹霞地貌景区先后荣膺"世界地质公园"桂冠，从此这些风景名山又成了地质圣地。2010年8月，贵州赤水、福建泰宁、湖南崀山、广东丹霞山、江西龙虎山－龟峰和浙江江郎山组成"中国丹霞"正式列入了《世界遗产名录》。在中国丹霞地貌学者和各级政府的共同努力下，终于把在我国命名并研究最深入的丹霞地貌作为一种特殊地貌类型推向世界,为国际地貌学界所认可,同时迎来了丹霞地貌风景区的旅游开发和遗产保护热潮。

大自然是一位雕刻大师,以红色砂砾岩为原料,依靠新构造运动的升降仪和破碎机,以风吹日晒、水蚀石塌为利刃,沿着地层层理和节理裂隙纹路,历经千百万年精雕细刻,献给人间一座座精美绝伦的艺术品。隆裂蚀崩、鬼斧神工,造就了丹山碧水交相辉映。本书从动力地质学原理出发,将丹霞景观的前世今生介绍给广大读者,展示了大量角度独特的自然景观照片,配合通俗易懂的文字。期望读者借此撩开丹霞地貌的神秘面纱,领悟到碧水丹山、奇峰异景的文化历史内涵,同时,也明确一份保护地质遗迹、传承文化遗产的历史责任。

本书由郭福生负责设计并统稿。第1章由郭福生、文俊威、华丽娟执笔,第2章由郭福生、陈留勤、刘富军、张炜强执笔,第3章由何小芊、吴昊、李彬颶执笔,第4章由闫罗彬、郭福生、黄宝华、王涛执笔。

撰写过程中得到中国地质学会秘书长朱立新研究员的指导。广东省韶关市丹霞山管理委员会的陈昉、侯荣丰、马益冬、李贵清,贵州省赤水市风景名胜区管理局的胡益、杨茗茗,福建省泰宁县旅游管委会的陈宁璋,湖南省新宁县崀山风景名胜区管理局的鞠长鸣,江西省鹰潭市龙虎山风景旅游区管理委员会的李斌、谭天明、吴知勇,江西龟峰风景名胜区管理委员会的刘久雨,浙江省江山市政协的赵敏,浙江省江山市文化广电旅游局的姜淑芬,江西省地质调查研究院李晓勇，江西省宁都县人民代表大会常务委员会曾晓勇提供多方帮助。彭华、丰秀荣、黄向青、戴小辉、丁福秋、付树湘、郭科生、何伟繁、贺君、胡春元、洪开第、黄志伟、姜勇彪、李益朝、李儒新、赖剑平、刘贤健、刘晓武、刘加青、潘志新、潘新田、沈天法、史文强、唐彦华、王道英、王天明、王昌乾、谢锦树、许欢、颜克明、严兆彬、张拴厚、张建宏、钟小春、朱家强、朱思进提供了珍贵照片。东华理工大学曹秋香、罗勇、杨庆坤、郭国林、张文华、林旖尘、刘鑫、刘霞、杨玉倩、温晓星参加了前期资料整理工作，陈小松、曾梦源制作素描图，张慧娟、李文、江光亮、陈平辉审阅了初稿。中国科学院院士、香港大学赵国春教授一直关心丹霞地貌科普事业，并欣然为本书作序。作者谨此致以诚挚的谢意！

作　者

2020 年 8 月 1 日

目 录

第1章

诗情画意古丹霞

1.1　丹霞词源

丹霞夹明月，华星出云间

　　丹霞，原本指赤色云霞，也比喻红艳的色彩，是一个沁润着诗情画意的词语。三国时期曹丕有诗云"丹霞蔽日，采虹垂天"，意指红霞遮天蔽日，彩虹遥挂天际，这是"丹霞"一词的最早出处。历代文人喜欢用丹霞来描述美景美人，西晋傅玄《艳歌行》中用"白素为下裾，丹霞为上襦。一顾倾朝市，再顾国为虚"来描述"丹霞"短衣女子，一顾倾城，再顾倾国。

　　唐末江西广丰籍著名诗人王贞白在《仙岩二首》中有言"江暖客寻瑶草，洞深人咽丹霞"，首次用"丹霞"一词描述龙虎山二十四岩景致，这也是中国历史上最早描述丹霞地貌的诗词。明嘉靖进士伦以谅《锦石岩》中的"水尽岩崖见，丹霞碧汉间"一句最早用"丹霞"来描写广东丹霞山仙境，"凌风醉明月，宾主欲忘还。"

丹霞溯源

　　丹霞，多数情况下是指赤色的云霞，也有比喻红艳的色彩（如桃花颜色）。丹霞最早出自三国时期曹丕诗句"丹霞蔽日，采

曹丕（187—226），字子桓，公元220年即位称帝，谥号魏文帝。文学造诣深厚，在诗文方面有很高的建树，代表作有《燕歌行》《丹霞蔽日行》《登台赋》《与朝歌令吴质书》等，其理论著作《典论》是我国最早的文学理论与文学批评著作。

虹垂天"，意指红霞。目前流传最广的与丹霞有关的古诗句是曹丕另一首诗中所云"丹霞夹明月，华星出云间"。

丹霞：①红霞；②比喻红艳的色彩。

【罗竹风主编.汉语大词典.上海：汉语大词典出版社，1989：691】

丹霞蔽日行

曹魏·曹丕

丹霞蔽日，采虹垂天①。

谷水潺潺，木落翩翩。

孤禽失群，悲鸣云间。

月盈则冲②，华不再繁。

古来有之，嗟我何言③。

注释 ①采虹：同彩虹。②月盈则冲：月满则亏。③嗟我何言：还用我说什么？此诗中的丹霞意指赤色的云霞。

芙蓉池作

曹魏·曹丕

乘辇夜行游，逍遥步西园。

双渠相溉灌，嘉木绕通川①。

卑枝拂羽盖②，修条摩苍天③。

惊风扶轮毂④，飞鸟翔我前。

丹霞夹明月，华星⑤出云间。

上天垂光采，五色一何⑥鲜。

寿命非松乔⑦，谁能得神仙。

遨游快心意，保己终百年。

注释　①嘉木绕通川：美好的树木围在河道的两边。通川：流通的河水。②卑枝拂羽盖：低矮的树枝轻拂着鸟羽装饰的车盖。③修条摩苍天：修长的枝条迫近青天。④惊风扶轮毂：强劲的风推着车子。轮毂：原指车轮中心装轴的部分，这里代指车辆。⑤华星：明亮的星星。⑥一何：多么。⑦松乔：神话传说中的仙人赤松子和王子乔，这里代指仙人。此诗中丹霞意指赤色的云霞，全句意思是，红霞中升起一轮明月，星光点点闪现在云天。

锦石岩（一）
明·伦以谅

水尽岩崖见，丹霞碧汉间。

女娲五色石，虞舜千年山。

地阂①仙凡界，天开梦觉关。

凌风醉明月，宾主欲忘还。

注释　①阂，同闭。此诗中的丹霞指红色的云霞。

《红楼梦》第五十八回
清·曹雪芹

宝玉便也正要去瞧黛玉，起身拄拐，辞了他们，从沁芳桥一带堤上走来。只见柳垂金线，桃吐丹霞，山石之后一株大杏树，花已全落，叶稠阴翠，上面已结了豆子大小的许多小杏。

注释　此处丹霞比喻桃花的红艳色彩。

1.2 丹霞古迹知多少

色如渥丹，灿若明霞

　　"颜如渥丹"最初是对秦君（秦襄公）脸色红润的描写，渥丹意即润泽光艳的朱砂。《诗经·国风·秦风·终南》有云："君子至止，锦衣狐裘。颜如渥丹，其君也哉。"

　　唐代有"色若渥丹"描述马的毛颜，典出王损之《汗血马赋》："长鸣向日，蹙蹀而色若渥丹；骧首临风，奋迅而光如振血。"

　　"色若渥丹，灿如明霞"出自清代《南召县志》："天然禅师色**若渥丹，灿如明霞，与丹霞山遥相辉映**。"原是用来比喻天然禅师红光满脸，并与丹霞山的色泽光彩相比照。天然禅师在南阳丹霞山辟创丹霞寺之后，又号丹霞，人们就称他为丹霞天然。

　　如今人们常用"色如渥丹，灿若明霞"来赞美丹霞地貌，其来历与民国教育家张嘉谋笔下的河南南阳和广东韶关两座丹霞山有关。《明嘉靖南阳府志校注》第十一卷《寺观·南召县·仙霞寺》云："丹霞寺在南召县西四十里，唐丹霞禅师修炼之所，因以名寺……广东韶州亦有丹霞山，南明隆武时，邓州李文定公永茂丁父忧，自南赣巡抚避居此，以长老诸峰色如渥丹，灿如明霞，与南召丹霞类，因名丹霞，榜曰别传……遂与此丹霞遥相辉映云。"

岭南丹霞　后来居上

由上可见，河南南召县在唐代就有丹霞山。其南麓丹霞寺始建于唐长庆四年（公元 824 年），因后山前岭土质红色，建寺初取名红霞寺、仙霞寺，后更名为丹霞寺，为中原八大名寺之一。五代释静、释筠所著《祖堂集》卷四有云："师寻上邓州丹霞山，格调孤峻，少有攀者。"

广东韶关丹霞山成名较晚。河南邓州籍的明末遗臣李永茂及其弟李充茂 1645 年来到岭南，买下仁化丹霞山作为避乱隐居地，成为丹霞山开山之祖，并使其名声远扬。康熙年间陈世英所作《丹霞山水总序》把河南丹霞称为李氏兄弟故居"古丹霞"。南北"丹霞"不仅因为李氏兄弟的来往形成遥相辉映之势，而且在禅宗佛事活动方面也有一种前后承袭的内在联系。

《丹霞山水总序》《明嘉靖南阳府志校注》称韶关仁化的丹霞山是李永茂取名的，因为此山地貌景观颇似其家乡邓州的丹霞山。"或谓丹霞为烧木佛旧地，

广东韶关丹霞山（刘富军摄）

不宜更袭以名。盖李公南阳邓州人也，古丹霞即其故居。公避乱于此，而又以忧去，取丹霞示不忍忘本也。"以长老诸峰色如渥丹，灿如明霞，与南召丹霞类，因名丹霞。"

但从李永茂之弟李充茂所著《丹霞山记》来看，"一夕，与邑明经刘子望夫……夜话，语及'治南二十里有丹霞山……'，""丹霞之名不自今日而始也，乃闃乎无人、寂寞者数千百岁矣。自伯子至止，而人人知有丹霞焉……"，说明他们到来之前，就有丹霞山之名了，只是寂寂无闻罢了。

如今岭南丹霞山成为丹霞地貌、丹霞组的命名地，丹霞地貌研究的天然实验室，还是世界地质公园、世界自然遗产地、国家级风景名胜区、国家 5A 级旅游景区、全国科普教育基地，可谓后来者居上。

丹霞古迹林林总总

丹霞两字，字形含笑，读音清脆，寓意鲜艳喜庆，可谓赏心悦目，故而以丹霞冠名的名胜古迹特别多。我国叫丹霞山的地方有广东韶关、河南南阳、贵州盘县（石灰岩）、湖北竹溪（白云岩）、福建漳州（花岗岩）等。这些山大多有峰谷赤红、山水交融之幽美，有洞穴成群、视域宽远之易居，自古多为道教、佛教、儒教活动场地，正所谓"世上好话书说尽，天下名山僧占多。"宋代曾巩诗《丹霞洞》赞叹江西南城麻姑山丹霞洞，宋代陈耆卿的《嘉定赤城志》记载有上海嘉定丹霞洞，福建邵武于宋代政和七年建有丹霞寺。还有浙江台州丹霞洞、湖南衡阳丹霞寺、广西钟山县丹霞观、南昌青山湖丹霞观和丹霞岛、湖南浏阳丹霞村、江苏连云港丹霞村、江西南城丹霞村等。

丹霞古迹

很多名胜古迹以丹霞冠名，如丹霞山、丹霞洞、丹霞寺、丹霞观、丹霞岛、丹霞村等。李充茂、陈世英、张嘉谋等阐述了河南南阳和广东仁化丹霞山之间的先后渊源关系。

一夕，与邑明经刘子望夫、松涛昆玉、太学生周子长公，茗椀夜话，语及"治南二十里，有丹霞山，生等曾筑精舍数楹，读书其上，第扪崖陟磴，负济胜者，犹难焉。"伯子第颔之。明旦，辄以一舴艋邀诸子偕往。至则一望辟易，俨有剑阁之险，摄衣而登，约数十丈，便崎岖难犯……

嗟乎！丹霞之名，不自今日而始也，乃阒①乎无人，寂寞者数千百岁矣。自伯子至止，而人人知有丹霞焉，且人人丹霞是依赖焉。是岂不有天者存乎其间哉！

注释　①阒，寂静的意思。

【《丹霞山记》辛卯孟秋丹霞主人南阳李充茂鉴湖甫记】

昔文定公开府虔州时，以外艰逢乱，买山于此，奉母以居，后其弟乃以归公耳。夫文定以乱去官，澹公以乱出世，文公贻之，澹公受之，遂若渊源接而衣钵传也。则山川灵秀之区，岂非忠孝仙佛之地也哉！是丹霞之待二公以传也，夫岂偶然耶。或谓丹霞为烧木佛^①旧地，不宜更袭以名。盖李公南阳邓州人也，古丹霞即其故居，公避乱于此，而又以忧去，取丹霞不忍忘本也。故为之序其大概如此云。

注释 ①烧木佛，指天然禅师。

【《仁化县志》卷七《艺文志》中载《丹霞山水总序》，清康熙作者陈世英】

《明统志》"丹霞寺在南召县西四十里，唐丹霞禅师修炼之所，因以名寺。"《雍正通志》作栖霞，误。明末毁于土寇，清僧砥中、静庵、冕珠一清屡修。见县志，有知县诸齐贤重修记。案，广东韶州亦有丹霞山寺，南明隆武时，邓州李文定公永茂丁父忧，自南赣巡抚避居此，以长老诸峰色如渥丹，灿如明霞，与南召丹霞类，因名丹霞，榜曰别传。僧今释号澹归，后居之。今释即金堡，尝官都给事中，后为僧，师天然和尚。文定公薨，其弟鉴湖曰"大小丹霞，前后天然"。昔谶适符烧佛汉人再来，人因券而归，鉴湖旋里，后复来丹霞为僧，名今地，号一超，遂与此丹霞遥相辉映云。今寺为仓库。

【《明嘉靖南阳府志校注》第十一卷《寺观·南召县·仙霞寺》，民国作者张嘉谋】

丹霞：山名，在江西省南城县西南，位麻姑山西，有丹霞洞，道家以为福地。

【舒新城.辞海（合订本）·子集.上海：中华书局，1936：45.】

丹霞洞（节选）

宋·曾巩

麻姑石坛起云雾，常意已极高峰颠。

岂知造化有神处，别耸翠岭参青天。

长松梁^①柏枝虺砢^②，中画一道如流泉。

林风飀飀满丘塈，山鸟嘲哳^③凌飞烟。

山腰古亭豁^④可望，下见秋色清无边。

忽惊阴崖^⑤势回合^⑥，中抱幽谷何平圆。

初谁凿险构楼观，更使绕舍开芝田^⑦。

注释 ①桀：高。②嵬砢：高大。③嘈哜：形容鸟鸣声嘈杂。④豁：开阔。⑤阴崖：背阳的山崖。⑥回合：环绕。⑦芝田：传说中仙人种灵芝的地方。

第 2 章

丹霞与地质结缘

2.1　丹霞地貌走进学术殿堂

> 构成丹霞山的红色地层 1928 年被命名为"丹霞层"，10 年后有了"丹霞地形"概念，1961 年《辞海》中正式列入了"丹霞地貌"词条。

1928 年，我国第一代地质学家冯景兰、朱翔声在广东省北部进行地质调查时，因填制地质图必须对地层[①]进行划分并命名，遂将分布在仁化丹霞山一带的一套红色砂岩、砾岩层[②]定名为"丹霞层"，当时确定其时代为第三纪[③]。对丹霞层形成的地貌美景，他们盛赞道："绝崖陡壁，……峰崖崔嵬，江流奔腾，赤壁四立，绿树上覆，真岭南之奇观也。"只缘造就了丹霞山，这套红色

红层（陈留勤摄）
红色砾岩和砂岩组成的丹霞层

碎屑岩层就有了"丹霞"这样一个具有浓浓诗情画意的名字，丹霞与地质不期而遇。

注释

①地层是指地壳发展过程中所形成的各种成层岩石和堆积物，它是研究地壳发展历史的重要依据。

②在丹霞地貌悬崖上看到的岩石是沉积成因的红色碎屑岩和泥岩。碎屑岩由许多粗细不等的碎屑物质和填隙物（含杂基、胶结物）组成，主要由砾石（直径在2毫米以上）组成的岩石叫砾岩，主要由砂（直径为2～0.063毫米）组成的岩石叫砂岩，主要由粉砂（直径为0.063～0.004毫米）组成的岩石叫粉砂岩。泥岩主要由泥质（直径小于0.004毫米）组成。

③当时确定丹霞组时代为第三纪，相当于现在的古近纪。20世纪80年代，广东省地质矿产局将这套地层划入晚白垩世，改称丹霞组。

 延伸阅读

中新生代地质年代简表

宙	代	纪	世	地质年龄 / Ma
				现今
		第四纪	全新世	0.0117
			更新世	2.58
	新生代	新近纪	上新世	5.333
			中新世	23.03
		古近纪	渐新世	33.9
			始新世	56.0
			古新世	66.0
显生宙		白垩纪	晚白垩世	100.5
			早白垩世	145.0
		侏罗纪	晚侏罗世	163.5
	中生代		中侏罗世	174.1
			早侏罗世	201.3
		三叠纪	晚三叠世	237
			中三叠世	247.2
			早三叠世	251.902

著名地质学家陈国达 1932 年在中山大学读本科期间开始探索分布在广东的红色岩系，对其形成的奇特地形进行了详细的描述，并完成了毕业论文《广东之红色岩系》。为了地层对比的需要，他在 1938 年发表《中国东南部红色岩层之划分》时提出了"丹霞山地形"概念，认为这种奇特地形是判断丹霞层的标志。在随后发表的《江西贡水流域地质》（1939 年）和《崇仁宜黄间地质矿产》（1940 年）两篇论文中，正式提出了"丹霞地形"这一地貌专用术语。此后学者多关注丹霞地形的岩石特征、地质构造、地貌形态等方面的研究，长期没有讨论丹霞地形的定义问题。

20 世纪 40～50 年代，曾昭璇对丹霞地形做了大量研究，并在 1960 年出版的《岩石地形学》中，将丹霞地形归类于岩石地形之红层[④]地形类，进行了专门论述。

地理学家黄进（曾用名：李见贤）在 1961 年编制《广东省地貌类型图》时，把丹霞地形作为一种独立的地貌类型，并首次提出了丹霞地形的定义：它是由水平或变动很轻微的厚层红色砂岩、砾岩所构成，因岩层呈块状结构和富有易于透水的垂直节理，经流水向下侵蚀及重力崩塌作用形成陡峭的峰林或方山地形。

1961 年中华书局出版的《辞海（试行本）·地理分册》正式列入"丹霞地貌"词条。1963 年张玉萍等在广东南雄盆地开展红层划分研究时，首次在学术论文中使用"丹霞地貌"术语。

曾昭璇、黄少敏（1980）在《中国地理·地貌》一书中，对中国红层的分布、特征以及丹霞地貌发育过程作了系统总结。

黄进从 20 世纪 80 年代开始专攻丹霞地貌。1982 年他发表了

《丹霞地貌坡面发育的一种基本方式》，对丹霞地貌的特征与发育过程进行了详细论述。1990年他主持了第一个有关丹霞地貌的国家自然科学基金项目，在全国范围内开展系统的丹霞地貌考察。这个时期正是中国旅游业开始蓬勃发展的阶段，丹霞地貌由于具备极高的美学和观赏价值，成为广受社会各界密切关注的一种重要的旅游资源。他2016年修订的《全国丹霞地貌简表》中有丹霞地貌1104处。直到2016年9月辞世，他本人亲自考察鉴定了其中的1005处，被誉为"丹霞痴""当代徐霞客"。

2000年，彭华出版了专著《中国丹霞地貌及其研究进展》，首次系统介绍了丹霞地貌的基本特征、形成机制、研究历史和旅游开发价值，为丹霞地貌研究确定了基本框架。他的遗作 China Danxia 2020年出版，该书对丹霞地貌的基本科学问题、中国东南6片丹霞遗产地特征进行了全面总结，为未来丹霞地貌研究向纵深发展奠定了坚实基础。

> 注释
>
> ④红层：一般是指中生代至新近纪陆相（河流、湖泊、沙漠环境）沉积的砾岩、砂岩、粉砂岩、泥岩组合，局部夹有石灰岩、石膏等。由于含有较高的长石矿物和高价氧化铁，岩石总体上呈红色，反映了湿热或周期性干旱、氧化的气候条件。由古生代及以前的红色碎屑岩（砂岩、粉砂岩、砾岩）和泥岩组成的地层，叫老红层、老砂岩。

延伸阅读

丹霞地貌学界泰斗

冯景兰、陈国达、曾昭璇、黄进、彭华是丹霞地貌界学术泰斗。冯景兰（1928）最早提出丹霞层并描述了绝崖陡壁地貌形态，陈国达（1938，1939）先后提出"丹霞山地形""丹霞地形"概念，曾昭璇对华南丹霞地形做了大量研究，黄进、彭华先后主持丹霞地貌旅游开发研究会，为丹霞地貌学科发展做出了卓越贡献。

冯景兰（1898—1976），男，河南唐河人。地质学教授，中国科学院学部委员（院士）。1921 年毕业于美国科罗拉多矿业学院，1923 年毕业于美国哥伦比亚大学，获矿床学硕士学位。先后在河南中州大学、两广地质调查所、北洋大学、清华大学、西南联合大学、北京地质学院任职，是我国矿床学重要奠基人之一，在地貌学领域也颇有建树。

陈国达（1912—2004），男，广东省新会县人。地质学教授，地洼大地构造学说创立者，中国科学院学部委员（院士）。1934 年毕业于中山大学地质系。曾任中山大学地质系教授、系主任，中南矿冶学院地质系主任，中国科学院长沙大地构造研究所所长。兼任中国地质学会副理事长、国际地科联矿床大地构造委员会副主席兼地洼学组主席、国际地洼构造与成矿研究中心主席。

曾昭璇（1921—2007），男，广东南海大沥人。地理学教授，我国岩石地貌学界泰斗。1943 年获中山大学地理学学士学位，1946 年获中山大学人类学硕士学位。曾任华南师范大学地理系主任，地貌学研究会名誉会长。享受国务院政府特殊津贴专家。

黄进（1927—2016），男，广东省丰顺县人，中山大学地理学教授，丹霞地貌学科带头人。1952 年中山大学地理系毕业，曾任中山大学地理系主任，兼任全国丹霞地貌旅游开发研究会理事长、名誉理事长。毕生专攻丹霞，历尽艰辛，踏遍祖国山水，建树颇丰，有"丹霞痴"之称。

彭华（1956—2018），男，安徽省砀山县人。地理学教授，丹霞地貌学科带头人。1982 年 1 月毕业于安徽师范大学地理系，曾任丹霞山世界地质公园、国家重点风景名胜区总工程师，中山大学地理科学与规划学院教授，兼任国际地貌学家学会丹霞地貌工作组主席。毕生致力于丹霞地貌研究，为"中国丹霞"成功申报世界遗产、丹霞地貌推向世界做出了突出贡献。他的名字不仅被同行熟知，在民间也广为传播，被誉为"丹霞赤子"。2019年11月，中共广东省委宣传部授予其"南粤楷模"荣誉称号。

黄进（左为黄向青摄，右为刘晓武摄）

彭华（左为刘晓武摄，右为丰秀荣摄）

丹霞地貌定义

　　遵循发源地的地质、地貌特征，运用岩石地貌命名五项原则（岩石性质、岩层时代、地貌造型、形成动力、实例），本书将丹霞地貌定义为：发育于中生代至新近纪陆相[5]近水平厚层状紫红色砂岩、砾岩中的丹崖赤壁及方山、石墙、石柱、峡谷、洞穴等地形的统称。地壳抬升、断裂切割、流水侵蚀、重力崩塌、风化剥落和化学溶蚀是其主要地质营力。以广东丹霞山为代表，是一种独特的红层地貌和景观资源，具有很高的旅游观赏和科学研究价值。其他不同年代、不同沉积环境的红色碎屑岩形成的赤壁陡崖地貌可称为类丹霞地貌。

　　丹霞地貌形成与演化过程始于红层盆地的抬升。软硬相间的红色岩层，相比较于坚硬的花岗岩体更加脆软，不均匀的抬升作用产生一系列垂直断裂[6]。在干湿冷热交替环境下发生风化，在重力作用下滑动崩塌，被地表水和地下水所冲蚀和溶蚀，是被抬升到高处的山石的宿命。这个过程缓慢而难以察觉却又无时无刻、无处不在地进行着。在按下快进键的时光轴上，我们能看到，由垂直断裂产生的裂隙不断变宽成峡谷，两侧崖壁陡立，随着崖壁崩塌后退，沟谷加宽，山顶面积不断缩小，原来的山体逐步分割、退缩变小，雕琢出千姿百态的地貌景观。

　　丹霞地貌的身影在中华大地上随处可见，目前已查明的有1100多处，分布于全国28个省（自治区、直辖市、特别行政区），但相对集中分布在东南、西南和西北三个地区。其中已获得保护性命名的丹霞地貌区 200 多处，包括世界自然（文化）遗产、世界地质公园、国家级和省级地质公园、风景名胜区、自然保护区、森林公园、湿地公园、水利风景区、文物保护单位和 3A 级以上旅游景区等。在国家级风景名胜区中，具丹霞地貌景观特色者约占五分之一。丹霞地貌也见于除南极洲以外的所有大陆，特别是美洲、中东、欧洲和澳大利亚等地，分布非常广泛。其中美国西部科罗拉多高原上中生代红色砂岩形成的陡崖地貌是典型的丹霞地貌。

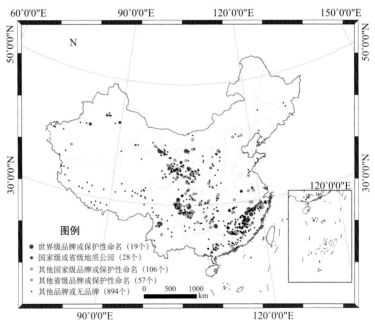

中国丹霞地貌分布图

闫罗彬根据黄进《丹霞地貌简表》整理

注释

⑤陆相：相对于海相、海陆过渡相而言。此处指组成岩石的物质是在河流、湖泊、沙漠等环境中沉积下来的，或者由山麓洪水携带的碎屑物堆积而成。

⑥断裂：岩石在构造应力作用下发生的破裂现象叫断裂。沿破裂面两侧岩层发生了显著位移时称断层，两侧岩层没有发生位移的破裂面叫节理。在丹霞地貌区往往发育一系列垂直地面的断裂（垂直断裂），某一侧岩层失去支撑时容易发生崩塌作用。

丹霞地貌名称来历

这种由红色碎屑岩构成的绝崖陡壁地貌发现于 1928 年，被誉为岭南奇观，先后被称为丹霞山地形（1938）、丹霞地形（1939）。"丹霞地貌"一词 1961 年首次出现在《辞海》中，1963 年正式见于学术论文中。

地形与岩石之关系，在本区中更为显明，第三纪红色岩层之下部，常为深厚坚固相间互之块状砂岩与砾岩，侵蚀而后，绝崖陡壁，直如人造坚固伟大之炮垒，而不知其为天造地设也。南雄之苍石寨、杨历岩，仁化之锦岩、丹霞山、人头岩、千金寨、书堂岩、断石岩、观音岩、笔架山、马冈寨，曲江之龟头石、挂榜山、三峰崀、五马归槽峰，皆由此种岩石侵蚀而成，峰崖崔嵬，江流奔腾，赤壁四立，绿树上覆，真岭南之奇观也。

【冯景兰，朱翔声.广东曲江仁化始兴南雄地质矿产.两广地质调查所年报第一号，1928.】

南雄盆地边缘江头圩西北的红色砾岩砂岩层，无特殊的丹霞山地形，故不是丹霞层。

【Kuota Chan. On the Subdivisions of the Red Beds of South-Eastern China. Bulletin of the Geological Society of China, 1938, 18 (3-4)：301-324.】

　　图C 雩都城东南四千米，泰岗上之东，丹霞层以不整合覆盖于仙风系之上，**丹霞地形**亦可从图中见之。

【陈国达、刘辉泗.江西贡水流域地质.江西地质汇刊第二号，1939：1–64.】

　　峰林地貌与石灰岩区域者相似，地势起伏甚大，不论高度之大小，岩壁峭峻之特性皆甚显著，此种陡坡造成深峡似的河谷，谷壁丹红，与山岭之绿树相映成趣，山顶因岩层之倾斜不大，分割后成分立之台地，层面与地面吻合，山岭之排列有依走向而成行列，间或被深窄之峡谷间断，形成石峰群，使侵蚀之后成为特殊之形状，当地土名称为"龙"，为"观音"，为"寨"者即缘于此也。

【曾昭璇.仁化南部厚层红色砂岩区域地形之初步探讨.国立中山大学地理集刊，1943，（12）：19–24.】

　　丹霞地形：这类地形在粤北仁化丹霞山附近发育得最为典型故名。它是由水平或变动很轻微的厚层红色砂岩、砾岩所构成。因岩层呈块状结构和富有易于透水的垂直节理，经流水向下侵蚀及重力崩塌作用形成陡峭的峰林或方山地形。陡壁有的呈墙状，有的宝塔状、柱状，有的为流水侵蚀成为沟纹。陡壁下部常由崩塌作用形成重力堆积裙。区内谷地狭窄呈槽形，相对高度常由数十至一百余米，赤紫色奇峰林立，风景秀丽。这类地形除丹霞山附近有大面积分布外，在粤北坪石也有较大面积分布，其他在南雄、连平、龙川霍山、平远差干、紫金古竹及清远南部的神石等地皆有零星分布。

【李见贤.广东省的地貌类型.中山大学学报，1961，（4）：70–78.】

　　丹霞地貌即"砂岩峰林地形"。因水流沿着岩层的垂直裂隙侵蚀而成。广泛发育于我国广东省北部岩层水平或缓斜的红色砂岩地区，以韶关市丹霞山最为典型，故名。

【辞海编辑委员会.辞海（试行本）·地理分册.北京：中华书局，1961：8】

丹霞组（？）：始新—渐新统。厚度在 550 米以上。分布于盆地的西北侧，局部地区形成所谓的"丹霞地貌"，与罗佛寨组呈不整合接触。

【张玉萍，童永生. 广东南雄盆地"红层"的划分. 古脊椎动物与古人类，1963，7（3）：249–259.】

丹霞山晒布岩（何伟繁摄）
色如渥丹，灿若明霞

江西龙虎山泸溪河东岸的僧尼峰（郭福生摄）
丹山碧水，交相辉映。是由紫红色砾岩构成的丹霞石峰景观

江西宁都翠微峰（钟小春摄）

丹岩峭壁，霞蔚云蒸。如一柄宝剑直指苍穹，因"林木葱蔚，苍翠辉明"而得名

美国犹他州阿切斯国家公园侏罗纪红色砂岩形成的丹霞地貌（潘志新摄）

美国亚利桑那州纪念碑谷地红色砂岩形成的丹霞孤峰（潘志新摄）

顶平身陡麓缓

　　相对于漫长的地球演化历史来说，红层形成的中新生代是晚近时期，所以红层没遭受过地质历史时期三番五次造山运动的揉搓拧拽，也就是没有发生强烈的褶皱作用[7]，一般只经历过构造抬升隆起和断裂切割。因此，红层层面的产状基本上呈原始水平状态或者只有轻微的倾斜。受水平层面控制，山顶一般是平缓坡面，中间稍微上凸。山体四周是沿垂直断裂崩塌形成的陡崖坡，山脚下则为崩塌堆积形成的缓坡。所以最常形成自上而下"顶平、身陡、麓缓"的坡面形态组合。

当地层发生了缓倾斜时可形成"顶斜",若在相当长一段时间不发生崩塌作用,风化剥蚀强时可把顶面、崖壁两种坡面交接处的棱角逐渐圆化,形成"顶圆"形态。长时间不发生崩塌作用,且地面水流侵蚀作用比较发育时,山脚下堆积的碎屑物少,也可以不存在"麓缓"。因此,顶平身陡麓缓是丹霞地貌的常见形态,但不是其判别依据。

丹霞地貌坡面形态素描图(曾梦源画)
a.顶平、身陡、麓缓;b.顶圆、身陡、麓缓;c.顶斜、身陡、麓缓

注释

⑦褶皱作用:岩石受构造应力挤压发生弯曲变形现象。上凸弯曲者一般中间地层比两侧地层老,叫背斜;反之,下凹弯曲者一般中间地层比两侧地层新,叫向斜。

丹霞兄弟何其多

丹霞地貌与**雅丹地貌**仅一字之差,外貌长相又有相似之处,最易让人混淆。雅丹地貌是由比较软弱的湖泊沉积泥沙被风力侵蚀而成的平行槽垄状地形,沟槽和垄脊相间分布,像一条条高度一致、排列整齐的土墙。不同于丹霞地貌是以地表流水侵蚀和沿垂直裂隙崩塌形成的赤壁丹崖地貌，雅丹地貌主要是由风蚀作用形成的，故有"风蚀雅丹、流水丹霞"之谓。雅丹只是众多风蚀地貌的类型之一，其他风蚀地貌还包括风蚀城堡、风蚀柱、风蚀穴等。

巧合的是，"雅丹"和"丹霞"这两个学术名词都起源于中国。丹霞地貌是以广东丹霞山红层地貌命名的，而"雅丹"一词则是发源于中国罗布泊，就是那个在空中看起来像一只大耳朵，充满了很多神秘传说的地方。

1899～1902 年，瑞典科学探险家斯文·赫定对中亚地区进行第二次科学考察期间，在中国的罗布泊荒漠中发现大面积河湖相沉积物暴露地表，并被强风吹蚀形成独特的垄岗状残丘，当地的维吾尔人称之为"Yardang"（雅尔当）。1903 年，斯文·赫定在其出版的考察游记"中亚与西藏"中首次使用了 Yardang 一词，专指这种特殊的"垄岗状风蚀地貌"。1936 年曾经随同斯文·赫定等一起参加过科学考察的陈宗器先生在其所著的《罗布淖尔与罗布荒原》中，正式将 Yardang 翻译为"雅丹"。雅丹一词便是音译而来，其"丹"字与红色没有特定关系，而丹霞地貌的"丹"指的是赤壁丹崖之红色。

红层丘陵属山顶浑圆化的低缓山丘，仅局部有小型陡崖，为流水冲刷剥蚀、风化溶蚀而成，有时与丹霞地貌为邻。红层丘陵一般由细软的粉砂岩和泥质岩组成，很容易被风化剥蚀，很难保持大尺度的悬崖峭壁，大多形成波状起伏的丘陵状形态。

有学者对丹霞地貌的崖壁高度和坡度提出了一些量化标准（如

a

b

雅丹地貌（胡春元摄）
a.甘肃敦煌；b.青海大柴旦南八仙

高度应大于 10 米，坡度大于 55°或 60°），达不到要求的不能划入
丹霞地貌（一些老年期丹霞除外），应归入红层丘陵。有时地层颜
色变化多样而形成彩色丘陵（彩丘地貌），如甘肃张掖南台景区的
彩丘坡面平缓、色彩鲜艳，属典型的彩色丘陵，蔚为壮观。这里是

下白垩统粉砂岩、泥岩地层，抗风化能力弱，地层倾斜角度较大。

　　此外，有些红色石灰岩和花岗岩也会形成壮观的赤壁丹崖，但由于其岩石物质成分完全不同，已分别属于喀斯特地貌和花岗岩峰林景观范畴。

张掖彩色丘陵（郭福生摄）

　　喀斯特地貌（Karst landform）是指水流对碳酸盐岩等可溶性岩石，以化学作用为主、机械作用为辅所形成的各种地貌现象，如石芽、溶沟、溶斗、峰林、溶洞等，也称岩溶地貌。喀斯特（Karst）原是斯洛文尼亚境内伊斯特拉半岛上的一个地名，那里石灰岩广布，形成了一种独特的奇峰异洞地貌景观。

喀斯特地貌（史文强摄）
广西东兰二叠系灰岩形成的峰丛

何为丹霞陡崖？

有学者认为，丹霞地貌的陡崖高度应大于 10 米，坡度应大于 55°。红层山体的坡面高度和坡度较小时，不是丹霞陡崖，不构成丹霞地貌，可归入红层地貌的其他类型。

"丹崖"的高度与罗成德的意见一致，应大于 10 米，才能显现出丹霞地貌的雄、险、奇、秀、靓丽壮观。关于陡崖坡的坡度，罗成德提出＞60°。在坡度的一般分类中，把悬崖坡的坡度定为 55°～90°。55° 和 60° 两数字很接近，只要大家公认就行。凡丹崖的高度和坡度低于上述标准的不能算丹霞地貌，归入到一般红层丘陵山地中，这是划分丹霞地貌与红层地貌的界线。

【刘尚仁，刘瑞华.丹霞地貌概念讨论.山地学报，2003，21（6）：669–674.】

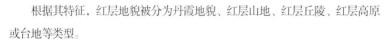

根据其特征，红层地貌被分为丹霞地貌、红层山地、红层丘陵、红层高原或台地等类型。

【彭华，潘志新，闫罗彬，等.国内外红层与丹霞地貌研究述评.地理学报，2013，68（9）：1170–1181.】

2.2 丹霞地貌含义之争

如切如磋，如琢如磨

近年来出于旅游宣传的需要，有些旅游景区把色彩鲜艳、造型奇特的地貌都宣传为丹霞地貌。如甘肃张掖地质公园，有人把其中临泽县南台景区彩色丘陵与肃南裕固族自治县冰沟景区丹霞地貌混为一谈。也有人把陕西省府谷县莲花辿无陡崖的杂色砂岩彩丘景观也称为丹霞地貌。

学术界强调丹霞地貌以赤壁丹崖为特色，但对于红层时代和沉积相有不同意见。有人坚持依据命名优先权原则，把丹霞地貌限定为类似丹霞山的由白垩纪陆相红色碎屑岩形成的赤壁丹崖群；也有人把地层时代表述为中生代至新近纪或侏罗纪、白垩纪至古近纪。有人坚持丹霞地貌的物质基础必须是陆相红层；也有人主张凡是具有赤壁丹崖的地貌，不管由什么岩石类型（包括海相碎屑岩、石灰岩、火山岩、变质岩、花岗岩）组成，都可称为丹霞地貌。

丹霞地貌（郭福生摄）
甘肃省肃南裕固族自治县冰沟景区

彩色丘陵（郭福生摄）
甘肃省临泽县南台景区

杂色砂岩彩丘景观（胡春元摄）
陕西省府谷县莲花辿

丹霞地貌是否需要限定地层时代和沉积相

　　岩石地貌的关键因素是构成地貌的岩石类型。每一种地貌类型都是一定地质历史条件下的产物，岩石的时代是进行地球演化过程对比研究的基本要素，岩石地貌只有与岩石的形成年代联系起来才有区域对比意义。对地层时代、沉积相[⑧]、地貌形成的地质营力进行限定，不仅仅是地貌分类原则的需要，也有利于大众对地质景观形成历程的认知，因而泛化丹霞地貌概念的做法是不妥的。

　　我国陆相红层的沉积时代一般为侏罗纪—白垩纪，即燕山运动[⑨]

造成的内陆盆地堆积物。但由于构造运动⑩和盆地演化具有趋前性和滞后性，在一些地区红层形成时代可以早到中三叠世，晚到新近纪。

这些红色内陆盆地在随后的喜马拉雅运动⑪中，发生构造抬升或褶皱，遭受风化剥蚀，当地质构造、岩石成分、气候条件合适时，就形成了丹霞地貌。因此，形成丹霞地貌的时间主要为古近纪、新近纪和第四纪，即6600万年以来。

有人将丹霞地貌的地层时代限定于白垩纪，而将在构造旋回上相延续的侏罗纪、古近纪红层形成的特征相同的地貌也排除在丹霞地貌之外，这是机械割裂地质演化旋回和构造层。

将所有红层（不限时代或不限岩相）形成的陡崖地貌都称丹霞地貌，这是忽略了地壳演化的阶段性。古生代乃至更早时期的老红层岩石坚硬，胶结紧密，与中新生代红层岩石性质差别显著，侵蚀作用方式与结果也不尽相同，如前者缺乏片状剥落作用、溶蚀圆化现象、砾石掉落形成洞穴等特征，地貌外观差异大。华北元古宙海相红色砂岩形成的红崖，呈现棱角鲜明的块状特征，有人称为嶂石岩地貌，属于类丹霞地貌范畴。

从地壳演化的角度出发，丹霞地貌的定义也可以表述为：印支－燕山构造旋回⑫以来形成的陆相红色碎屑岩，在喜马拉雅运动中隆升并产生垂直断裂，经流水侵蚀、重力崩塌和风化剥落等外动力地质作用形成的以丹崖赤壁为代表的地形组合。丹霞地貌含义应该强调三点：地貌特征——赤壁丹崖，具有陡峭的坡面；地层基础——中、新生代（三叠纪至新近纪）陆相红层，红色厚层的河湖相碎屑岩、风成砂岩；地质营力——流水侵蚀、重力崩塌、风化剥落。

注释

⑧**沉积相**：沉积岩或者沉积物沉积时的自然地理环境，可分为陆相、海相、海陆过渡相三大类，也称为沉积环境。沉积相可进一步细分，如陆相可细分为河流相、湖泊相、沙漠相等。

⑨**燕山运动**：侏罗纪—白垩纪期间（距今2.01亿～0.66亿年前）发生的构造运动。燕山旋回：由侏罗纪初到白垩纪末的地壳构造发展阶段。

⑩**构造运动**：由地球内部能量引起的地壳物质发生变形和变位的机械运动，也叫地壳运动，其结果是形成地壳的隆起与拗陷、褶皱与断裂等。

⑪**喜马拉雅运动**：新生代以来的构造运动。喜马拉雅旋回：由古近纪初至现代的地壳构造发展阶段。

⑫**构造旋回**：整个地壳发展具有阶段性特征的表现，每个旋回地壳都经历了强烈拗陷、褶皱回返和山脉形成等发展过程。中国学者将西方的阿尔卑斯旋回（时间跨度约为2.5亿年）进一步分为印支旋回、燕山旋回和喜马拉雅旋回。**构造层**是指地壳发展过程中，一个构造区内的某个构造发展阶段所形成的特定岩层组合并伴有相应的构造−热事件产物。

丹霞地貌定义概览

地质学界、地理学界的不同学者在不同年代对丹霞地貌做出的定义都强调了赤壁丹崖形态、陆相红色砂砾岩、风化作用，但对地层时代争议较大，有的则强调地层产状平缓。

厚层、产状平缓、节理发育、铁钙质混合胶结不匀的红色砂砾岩，在差异风化、重力崩塌、侵蚀、溶蚀等综合作用下形成的城堡状、宝塔状、针状、柱状、棒状、方山状或峰林状的地形。

【地质矿产部《地质辞典》办公室.地质辞典（一）普通地质构造地质分册（上册）.北京：地质出版社，1983：58.】

岩石地貌的一种，侏罗纪、白垩纪、老第三纪钙质胶结的红色砂岩、砾岩上发育的方山、奇峰、岩洞和石柱等特殊地貌称为丹霞地貌，是一种典型的岩石地貌。以中国广东北部仁化县丹霞山最为典型，因此得名。

【周成虎.地貌学辞典.北京：中国水利水电出版社，2006：44.】

发育于侏罗纪至第三纪的水平或缓倾斜的厚层紫红色砂、砾岩层之上，沿岩层垂直节理由水流侵蚀及风化剥落和崩塌后退，形成顶平（或顶斜）、身陡、麓缓的方山、石墙、石峰、石柱等奇险的丹崖赤壁地貌称为丹霞地貌。

由红色碎屑岩形成雄伟奇险的岩壁、岩峰、岩洞、岩块等有关的地貌称为丹霞地貌。

【黄进，黄瑞红，苏泽霖.丹霞洞穴地貌的初步研究 // 陈安泽，卢云亭，陈兆棉.旅游地学的理论与实践——旅游地学论文集第二集.中国地质学会旅游地学与地质公园研究分会.2006：50-60.】

以赤壁丹崖为特征的红色陆相碎屑岩地貌。

【彭华.中国丹霞地貌及其研究进展.广州：中山大学出版社，2000：7.】

丹霞地貌是指一种由陆相红层构成的、以陡崖坡为特征的地貌。

【Peng Hua. China Danxia. Beijing：Higher Education Press，Singapore：Springer Nature Singapore.2020：1-10.】

在中国华南亚热带湿润区域内，以中上白垩统红色陆相砂砾岩地层为成景母岩，由流水侵蚀、溶蚀、重力崩塌作用形成的赤壁丹崖、方山、石墙、石峰、石柱、峡谷、嶂谷、石巷、岩穴等造型地貌的统称。

【陈安泽.旅游地学大辞典.北京：科学出版社，2013：166.】

丹霞地貌可以概括为［指狭义（典型）丹霞地貌］：燕山运动形成的陆相红色碎屑岩，在喜马拉雅运动中褶皱、上升，经风化侵蚀、重力崩塌、流水冲刷和冻融冰劈、风蚀和生物作用造成的以丹霞赤壁为代表的地形。

作者也注意到，从广义和扩展的角度来分析，有不少红色地层也形成以"色如渥丹，灿若明霞"的丹崖赤壁为代表的地形，但红层并非形成于燕山期陆相盆地，也不一定是陆相碎屑建造，但从旅游学的角度来研究丹霞地貌，将其扩展为广义丹霞地貌也是十分有意义的。

【赵汀，赵逊，彭华，等.论丹霞地貌.北京：地质出版社，2011：1-5.】

每一种地貌类型都是一定地质条件的产物。我们认为：前辈学者对地层时代、沉积相、地貌营力的限定是有道理的。如果没有岩性、岩相的限定，不问地貌形成条件，不便于进行地貌分类，也不利于大众的景观认知。因此，大多数学者主张丹霞地貌的界定应加上"陆相碎屑沉积"的岩相特征和"中生代晚期至新生代早期"的地层时代限制。

【崔海亭，黄润华.丹霞地貌名称的滥觞与泛化.中国科技术语，2017，19（2）：60-62.】

> 西北无丹霞？

丹霞地貌最初是在中国南方湿润区发现并命名的，是一种以水蚀作用为主的赤壁丹崖群地貌，其研究也在南方比较深入。以丹霞地貌为主要景观的 3 个世界地质公园、"中国丹霞"世界遗产地 6 片区全部位于东南地区。干旱区松散半固结沉积物、以风力吹蚀为主形成的奇峰异景不属于丹霞地貌。因此，有些学者把丹霞地貌产地限定在华南亚热带湿润区域内，认为西北干旱区没有丹霞地貌，或主张西北中新生代红层形成的地貌不能称为丹霞地貌。《中国国家地理》杂志曾发表刘晶的《西北有"丹霞"？》一文，阐述了一些人认定的西北地区"丹霞"与南方丹霞之间的差异。

但是，正所谓沧海桑田，地质历史时期的气候并非一成不变。西北地区的古气候有时比现今温暖湿润，与现在南方相似，具备发育丹霞地貌的动力条件。有些赤壁丹崖是黄土高原形成前，甚至是白垩纪末、古近纪、新近纪形成的。

近年来，在中国西北干旱区发现了大量丹霞地貌景观，在陕西省北部比较典型，包括丹霞崖壁、方山、峡谷、波浪谷等。这些发现颠覆了以往人们对陕北"黄土高坡"的刻板印象，陕北丹霞地貌具有独特的魅力。

陕北丹霞地貌的独特之处就是其上常有厚层松散堆积物（主要是第四纪黄土以及砾石层等）覆盖。丹霞红层与上覆黄土之间存在风化壳，黄土之下红色碎屑岩顶面起伏多变，表明白垩纪红层（或者更晚地层）形成后，经历过丹霞地貌发育演化过程。在黄土覆盖少的铜川照金丹霞国家地质公园，有方山、石寨、单面山、穿洞等，与南方丹霞地貌形态相同。因此，陕北地区是在红层基础上先形成丹霞地貌，然后被第四纪黄土覆盖，在沟谷处被流水剥蚀出露丹霞地貌并进一步受到继承性侵蚀。因此，可将陕北丹霞地貌称为"黄土覆盖型丹霞"，它以峡谷型丹霞为主，总体上还处于较为年青的演化阶段或由于后期黄土剥蚀揭露有限所致。黄土覆盖在丹霞地貌之上，地形起伏不平，沟谷间流水继续发生侵蚀作用，形成了黄土塬（平整的黄土地）、黄土墚（长条形的黄土高地）和黄土峁（圆形的山丘）。

黄土覆盖型丹霞崖壁，陕西志丹
（郭福生摄）

丹霞方山，陕西照金
（郭福生摄）

丹霞峰林，甘肃张掖冰沟景区
（郭福生摄）

丹霞石柱陡壁的泥乳膜，甘肃张掖冰沟景区（郭福生摄）

丹霞崖壁泥乳膜，青海祁连县卓尔山
（严兆彬摄）

丹霞石柱，新疆阿克苏温宿大峡谷（陈留勤摄）

西北丹霞地貌景观特征

志丹县猫巷沟（郭福生摄）　　　　　　甘泉雨岔沟（李益朝摄）

砂岩发育大型板状交错层理，层系界面平整，延伸远，岩石粒度均匀，古沙漠环境昭然若揭，
沟谷中沉积细层构成波浪谷景观

志丹县永宁镇象咀村洛河河谷（李益朝摄）

丹霞景观（河岸）与黄土景观（高处）交相辉映，展现沧桑巨变的历史画卷

　　西北干旱区除了黄土覆盖型丹霞（古丹霞）外，其他情况下发育的丹霞地貌的总体特征也与南方类似，以中新生代陆相红层、赤

壁丹崖、流水侵蚀为主，但又具有雨水少、对岩石粒度和硬度要求低的特点，因而地貌景观颇具特色。可以形成细小挺拔的丹霞石柱，石柱顶上有坚硬粗碎屑岩层"顶盖"，俗称戴帽细柱。崖壁上有泥乳膜，其成因是红层中泥质粉砂岩夹层的风化物遇雨水成泥浆往下流动，形成竖向沉积的泥乳膜。

a

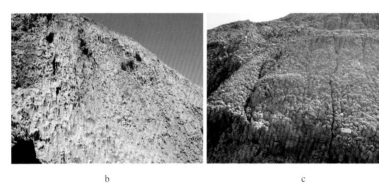

b　　　　　　　　　　　　　　　　c

张掖冰沟丹霞的石柱顶盖（a）和泥乳膜（b，c）
a，b. 郭福生摄；c. 陈留勤摄

岩层层面上的恐龙足迹化石（榆林神木公格沟）（李益朝摄）

浪涌金钱

（靖边龙州）（王天明摄）

陕北丹霞地貌中的化石和象形石

西北丹霞之争议

丹霞地貌在南方湿润区首先被发现并研究较深入，但北方干旱区丹霞地貌也广泛发育，不同气候带丹霞地貌的微地貌有所不同。

陕北地区许多在沟谷中侵蚀出来的丹霞地貌是第四纪黄土覆盖之下的"古丹霞"，其形成时也是温暖潮湿气候。

干旱区、半干旱区、半湿润区及湿润区都有丹霞地貌分布，由于不同气候带的外力作用组合不同及地表组成物质的不同（如半干旱区的黄土、湿热区的红土），使丹霞地貌的微地貌有所不同，这是丹霞地貌的气候地貌问题。

【黄进. 中国丹霞地貌分布 // 中国区域科学协会区域旅游开发专业委员会编. 区域旅游开发研究（会议论文集），1992：98-99】

……丹霞地貌应当是以"水蚀"为主。可以看出，在南方湿润区，古溪流长年的冲刷将赤水这座巨大而坚硬的丹霞石壁也刻上了绕指柔般的蜿蜒曲线，瀑布更是将"丹霞"当作了"背景"。而从西北地区这些被称作"丹霞"的地貌细节上看，明显是风蚀作用更为强烈和明显。此外，西北干旱区很多丹霞的形态和相对松散的岩性也与冯景兰先生最初命名和定义时的描述"绝崖陡壁，直如人造之坚固伟岸之堡垒"相去甚远。

……陈安泽认为西北干旱区没有丹霞地貌。因为那里的红层形成的地质年代不全是中生代白垩纪的，新生代红层形成的地貌我认为不能称为丹霞地貌。

中国地质大学的田明中教授也同意陈安泽的观点。他认为丹霞地貌就应该是湿润气候条件下在中生代红层上的产物，干旱区的地貌以风力为主要的风化力量，和南方的丹霞发育太不一样了，所以不能算是丹霞地貌。

【刘晶.西北有"丹霞"? .中国国家地理，2009，（10）：134.】

陕北丹霞地貌广泛发育：旬邑县留石村和黑牛窝丹霞崖壁及石窟；铜川照金（薛家寨）丹霞方山、石寨、单面山、穿洞等；志丹县永宁山丹霞石寨及石窟；志丹县毛项丹霞峡谷；靖边波浪谷，主要为峡谷，也有陡壁、方山等。

成景岩层多为白垩系洛河组，主体为紫红色砂岩，分选性很好，结构成熟度高，成分成熟度低（长石砂岩多），钙质胶结，胶结疏松，常见钙质结核。洛河组砂岩发育大型板状交错层理，细层延伸极为稳定，属风成砂岩。在风成砂岩中，夹有少量层厚较薄的河湖相沉积，如留石村水平层理砂岩中含大量泥砾，还可见粗砾岩。因此，可以判断陕北丹霞红层沉积时期总体为沙漠环境，间夹暂时性河湖环境。相比之下，南方丹霞山、龙虎山丹霞地貌成景红层主要是在冲积扇沉积体系中形成的砾岩和砂岩地层。

陕北白垩纪发育风成沙丘岩，反映了存在内陆沙漠环境。古近纪、新近纪主要为河湖相沉积，第四纪为风成黄土。这与古植物分析的气候变化情况一样，白垩纪炎热干燥，古近纪、新近纪温暖潮湿，第四纪寒冷干燥。许多地方古近纪、新近纪是流水侵蚀发育丹霞地貌的时期。

【Guo Fusheng et al., 2019. Characteristics of Danxia Landscapes in Northern Shaanxi Province and Comparison with South China. Acta Geologica Sinica（English Edition），93（supp.2）：464–465.】

Miao 等（2013）对兰州盆地泥岩孢粉共存分析表明，渐新世早期该区的气候类型与现在中国东南部类似，比现在温暖湿润。依据植物化石的重建结果表明，该区中新世中晚期气候比较湿润。

（陕北）古近纪及新近纪沉积基本缺失，有零星分布的河湖相沉积，但周边渭河、银川、河套等地堑盆地同时期的河湖沉积相厚达几千米，其碎屑物质就来源于白垩纪丹霞红层的剥蚀产物。长期的隆升和风化剥蚀形成了丹霞地貌和红层丘陵,之后又被第四纪黄土覆盖,经后期沟谷侵蚀形成现今的地貌景观。

【郭福生,陈留勤,严兆彬,等.丹霞地貌定义、分类及丹霞作用研究.地质学报,2020,94(2):361-374.】

2.3　丹霞地貌分类与丹霞作用

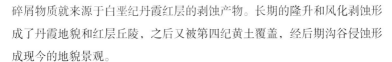

岩壁、岩峰、岩洞、岩块构成了丹霞地貌景观

　　丹霞地貌的景观形态主要是绝壁陡崖、陡立的山峰、千姿百态的洞穴,其中崖壁、波浪谷和象形石最具丹霞特色。绝壁陡崖是构成丹霞地貌的基本要素,不同数量和类型的崖壁组合成山峰和峡谷,崖壁洞穴也是最为壮观的景象之一。

丹霞地貌分类表

分类依据		类　型
形态	山峰类	方山、石墙、石柱、峰林、峰丛
	陡崖类	崖壁
	崩塌体类	崩积岩块
	峡谷类	一线天、巷谷、宽谷、波浪谷
	洞穴类	岩槽、扁平洞、竖状洞穴、穿洞、天生桥、蜂窝状洞穴
	其他	象形石、残峰孤丘

分类依据	类　　型
红层岩性岩相	冲积扇砾岩、河湖相碎屑岩、风成砂岩
红盆侵蚀阶段	青年期、壮年期、老年期
气候区	干旱带、潮湿带

> 丹霞作用是形成丹霞地貌的各种地质作用的统称。丹霞地貌青年期总体上以巷谷为代表，壮年期以峰丛为代表，老年期以孤峰为代表。

丹霞作用是以中新生代陆相碎屑岩的构造抬升、断裂切割、流水侵蚀、重力崩塌和堆积为主要特征，并伴随有化学作用（溶蚀、沉淀）、风化作用（含球状风化、片状剥落）和风蚀作用的地质作用统称，其产物就是丹霞地貌。

著名地貌学家戴维斯 1899 年提出地貌侵蚀循环学说，认为地貌是构造、外力和时间的函数，在构造迅速抬升之后，受河流侵蚀作用，地形要经历青年期、壮年期和老年期等阶段，最后发展成准平原，再次抬升将重复上述过程。

在青年期发育阶段，地壳间歇性上升，水流沿裂隙不断侵蚀、分割山体。分水岭上保留着宽阔的原始平坦构造面，沟谷逐渐加深形成峡谷，两侧为陡峭崖壁，谷壁块体运动比较显著，形成巨大的方山、石寨。

壮年期发育阶段，水流进一步快速冲刷、侵蚀、切割，原始地面已被破坏，河谷切割深度达到最大极限。地貌上表现为石寨面积缩小，石柱、石梁、石墙发育，沟谷幽深，分水岭狭窄，赤壁丹崖密布，是丹霞地貌发育的全盛时期。

　　老年期发育阶段，河谷日益宽阔，曲流发育，谷坡低缓，形成起伏较小的大面积平坦地貌，其上散布着一些孤立的残丘，即准平原状态。

> 丹霞地貌演化的控制因素主要为岩相、构造、外力和时间

　　戴维斯地貌侵蚀循环学说简明实用，是地貌学发展里程碑式的成果，现代地貌学理论是在对戴维斯地貌侵蚀循环学说批判和继承基础上发展起来的。

　　在南方湿润区较大的红层盆地中，发育边缘冲积扇相粗碎屑岩，有青年期、壮年期、老年期等发展阶段；盆地中央湖泊相的泥岩、粉砂岩则没有经历过绝壁陡崖发展阶段。如对江西省白垩纪红盆的遥感解释表明，丹霞地貌普遍发育于盆地边缘。

　　一个红层盆地的丹霞地貌发育程度和景观类型分布，受到盆地沉积相差异的控制。丹霞地貌演化模式，需要在戴维斯地貌侵蚀循环学说的基础上增加岩性岩相因素。因此，丹霞地貌演化可以简单表述为岩相、构造、外力、时间四者的函数。

红盆岩性岩相控制丹霞地貌发育

　　红层盆地的沉积产物是不均匀的，盆地边缘为粒度粗大的砾岩，抗风化能力强，容易形成绝壁陡崖的"丹霞地貌"，而盆地中部的细粒沉积岩容易形成平缓丘陵。因此，丹霞地貌演化模式应当加入岩性岩相，把沉积相作为自变量，可以简单表述为岩相、构造、外力、时间四者的函数。

　　今天由砾岩所成的"丹霞地形"即当时的盆地边缘，而和缓丘陵乃是红盆地的中部。

　　【曾昭璇，黄少敏．中国东南部红层地貌．华南师范学院学报（自然科学版），1978，（1）：56–73.】

　　形成丹霞地貌的物质基础是中、新生代的红色陆相碎屑岩。它们是地洼构造层，是活动地洼阶段的山间盆地堆积，特别是盆地边缘的山麓洪、冲积扇堆积层，经压实、胶结成岩后，多成为较坚硬的红色砾岩、砾砂岩或砂砾岩，经抬升及侵蚀、崩塌、风化后，常形成典型的丹霞地貌。而盆地中心附近的砂泥岩、泥岩，因不够坚硬，难以形成丹崖赤壁，故不能造成丹霞地貌。如广东始兴～南雄盆地北缘自西而东的四脚寨、弹棉寨、红山、苍石寨、杨历岩、西坑寨、朝天寺，南缘洞中寨、崖婆寨、莲塘寨、南石寨、王石寨等都分布在盆地边缘。赣东的信江盆地南缘自西而东有龙虎山、挂榜山、圭峰、鹜湖、红岩山、东西岩、白花岩；北缘的横峰赭亭山、油桶山、仙垄山；上饶月岩山、马眼山、仙姑山等丹霞地貌也分布在盆地边缘。四川盆地是一个面积达16万余平方千米的巨大红层盆地，丹霞地貌也明显地分布在盆地边缘地带。其西北边缘的剑门山、吊上岩、

马耳山、金子山、窦圈山、鹰咀山、浮山；西缘的青城山、金鸡关、金鸡
峡、大崖峡、飞仙峡、峡口山、罗绳岗、玉屏山、槽渔滩、千佛岩、丈
人峰、中岩、仙女山、乐山大佛；西南缘穿牛鼻、紫云山、云峰山、尾
岩、弥陀寺、仙女山、河尖山、丹山碧水、龙头山、红岩子、红岩山；
南缘的天宝寨、仙寓洞、挂榜山、笔架山、佛宝区、大理山、九鼎山、
青杉岩、清凉山、凤凰山、画稿溪、墩梓溪、丹山、八节洞、环岩、四
面山、古剑山及贵州赤水、习水地区的天台山、四洞沟、风溪沟、金沙
沟、九角洞、长嵌沟、天鹅池～童仙溪、三岔河、飞鸽区；东缘的石宝
寨、石柱、万县天子城等；东北缘的巴中南龛坡、通江红云崖、营山太
蓬山、射洪金华山等皆分布于盆地边缘地带。但也有一些较小的盆地或
盆地四周的山地较高，水流带来的粗颗粒物质一直可堆积到盆地中部，
使整个盆地形成较坚硬的砾岩或砂砾岩，这样，整个盆地都有可能形成
丹霞地貌，如粤北丹霞山，福建武夷山、桃源洞，浙江东西岩，湘西南
通道万佛山所见。

【黄进.中国丹霞地貌的分布.经济地理，1999，19（增刊）：31–35.】

　　江西信江盆地丹霞地貌主要断续分布在盆地边缘，龙虎山、龟峰、象
山三个丹霞地貌集中分布区的岩石基础主要是晚白垩世河口组山麓冲积扇
沉积体系的砾岩，由于砾岩抗风化剥蚀能力强，更易形成赤壁丹崖和形态
各异的造型石。河流相砂岩易于发生层状风化剥落，常形成孤立的顶圆低
矮丹霞丘陵。与其形成鲜明对比的是，盆地中央部位的细粒沉积岩（塘边
组），大多已剥蚀夷平为准平原，没有形成陡立丹霞山峰，只是在弋阳、
横峰一带由中‐细粒风成砂岩构成的低矮丹霞地貌，表现为圆丘状孤峰和
岩洞。

【郭福生，李晓勇，姜勇彪，等.龙虎山丹霞地貌与旅游开发.北京：地质出版
社，2012：61–66.】

戴维斯（1899）侵蚀循环说满足对一般地貌演化的原理分析。对于岩性均匀的地区来说，构造抬升之后，在长期地壳稳定条件下，可以完成完整的侵蚀旋回。

但中国东南地区红层盆地内同时代地层岩相变化很大，盆地边缘与盆地中央的岩性、结构构造会有很大的差异，地貌敏感性不同，造成绝对年龄大致相同但相对年龄很大不同的各种地貌。另外，断裂构造、断裂活动和河流分布状况是不均匀的，也会影响到丹霞地貌演化进程。

因此，丹霞地貌演化模式，应当加入岩性岩相，把沉积相也作为自变量。这样，丹霞地貌可以简单表述为岩相、构造、外力、时间等四者的函数。

$$L=f(s,T,e,t)$$

式中：L 为地形，s 为沉积相，T 为构造运动，e 为外力作用，t 为时间。

这些因素与盆地空间格局有关，共同制约着不同区域丹霞地貌演化进程及其景观总体特征，可称其为丹霞地貌成景系统。沉积相类型控制地貌演化阶段进程，决定丹霞地貌类型。丹霞山峰的形成需要抗蚀力强的岩石，如冲积扇相、辫状河相的粗粒、胶结坚硬的岩石。沉积微相影响微观风化作用，不同的沉积相岩性组合不同，形成不同造型景观石和洞穴类型。丹霞洞穴的形成和持续扩大，需要软硬岩层的交互，或者层内有透镜体、碎屑物粒度差异大。

【郭福生，陈留勤，严兆彬，等．丹霞地貌定义、分类及丹霞作用研究．地质学报，2020，94（2）：361-374．】

陡崖洪流垂蚀奇，百槽千孔总相宜。

丹霞地貌最引人注目的景观之一就是绝壁陡崖上镶嵌着各种

大小迥异、仪态万千的洞穴。这些洞穴小的如纽扣般大小，大的长数十米，可容纳千人。按照形态特征，它们分别被命名为圆锥状洞穴、岩槽、扁平洞、额状洞穴、竖状洞穴、穿洞、天生桥、蜂窝状洞穴、串珠状洞穴等。这些洞穴的形成原因多种多样，内因有红层成层性、岩石碎屑结构、可溶性成分和构造裂隙等，外力作用包括砾石脱落、水流冲刷、差异风化和重力崩塌等，但往往是多种因素综合作用的结果。其中，差异风化机理比较复杂，包括不同区域岩石在物理风化、化学风化和生物风化方面的差异性。丹霞崖壁在竖直方向上的岩石类型呈韵律性变化，软弱岩层抗风化能力弱，常形成层控型洞穴（水平岩槽、额状洞穴及扁平洞穴等）；岩石中钙质成分（灰岩砾石、砂屑及钙质胶结物）因雨水溶解可形成小洞穴，以及导致周边砂、砾脱落；洞穴内相对稳定的微环境有利于可溶性盐类矿物（石膏、芒硝、硝酸钠、石盐等）的结晶与溶解过程持续发育，导致岩石物质松解流失，使洞穴不断变宽增深。

在丹霞崖壁上常见一种洞穴组合，一系列洞穴沿着竖直沟槽断续分布，称为串珠状洞穴或珠帘状洞穴。它们主要是由崖壁片流垂蚀作用[13]形成的，垂蚀作用可分为冲蚀和涡蚀两种形式。冲蚀作用是水流顺着崖壁往下流动或者垂直下落，形成竖状沟槽，如遇垂直节理裂隙可进一步发展为竖状洞穴。涡蚀作用为水流遇到陡壁上凹洼处或洞穴时沿着其顶部斜面流入形成涡流，旋转水体垂直崖壁往里钻从而形成圆锥状洞穴。垂蚀作用往往借助于风力，风吹增强冲蚀作用的破坏力，在凹洼处使水流旋转。

丹霞地貌"顶平、身陡"特点为垂蚀作用发育提供了优越条件。山顶平地有较大的聚水面，长时间大暴雨时山顶水流沿着陡崖直泄而下，宛如竖直的洪流，在垂直于崖壁方向而来的风力吹动下，对崖壁进行着垂蚀作用。丹霞崖壁的岩层软硬交替也使得垂蚀作用表现得非常明显。

在丹霞崖壁上，首先砾石脱落形成微小洞穴，软弱岩层因黏土、钙质成分含量较高而容易吸水膨胀、溶蚀、冲蚀形成小洞穴，为之后的水流涡旋作用提供条件。最初形成圆锥状洞穴，略微向上开口，即洞壁上陡下缓。对上部洞穴进行涡蚀之后，水流在重力作用下沿竖直沟槽向下流动，到达下一层软弱岩层或者原先有洞穴存在处，继续进行涡蚀作用，从山顶到山脚依次进行。由于竖直方向上岩层软硬交替，多个软弱岩层的圆锥状洞穴与竖状沟槽一起构成串珠状洞穴组合。多条串珠状洞穴就构成珠帘状洞穴。

圆锥状洞穴进一步涡蚀时，往往在同一软弱岩层内横向扩大成扁平状洞穴，进一步发展可以使相邻洞穴相连，形成内部高度比较一致的水平岩槽。新鲜陡崖上的暴雨水流沿着一些相对固定的竖状沟槽往下流动，沿途形成圆锥状洞穴，洞穴不断扩大向扁平状演化。随着时间的推移，竖状沟槽在崖壁水平方向上的位置会发生变动，不断产生新的竖状沟槽和圆锥状洞穴。沟槽和圆锥状洞穴增多，新旧混杂，而新旧洞穴合并可以形成更大的扁平状洞穴。所以，新旧珠帘状洞穴相互叠加后，形态辨别比较困难。

丹霞崖壁串珠状洞穴的时代具有垂向一致性，不同于岩层形成时代在水平方向上一致且具有下老上新的规律。暴雨片流从上往下急速流动，导致崖壁上的软弱岩层（或者粒度差异大的岩层）首先

被冲刷侵蚀并形成各种洞穴。所以从山顶到山脚,纵向上同一串珠
的一系列洞穴是同时形成的。但同一岩层不同部位的洞穴可以是不
同时期水流形成的,即在水平方向上,不同洞穴的流水作用和时代
不具有一致性。

a

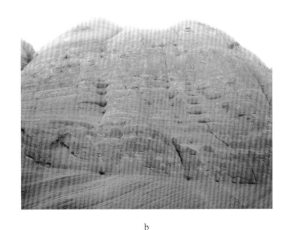

b

珠帘状洞穴(郭福生摄)

干旱区水流作用弱,新鲜崩塌形成的丹霞陡崖面上较容易保留串珠状洞穴。

a. 甘肃张掖;b. 陕西榆林靖边

a

b

崖壁片流垂蚀作用产物

a. 竖状沟槽，广东丹霞山（谢锦树摄）；b. 珠帘状洞穴，江西龙虎山（郭福生摄）

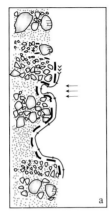
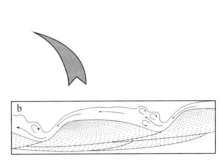

崖壁水流垂蚀作用与河流下蚀作用对比（陈留勤画）

a. 崖壁上的串珠状洞穴是由水流垂蚀作用形成的；b. 在单向超临界水流条件下形成的循环
发育的阶梯状地形

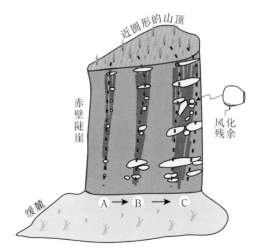

串珠状洞穴的发育模式（陈留勤画）

A. 在最初阶段，崖壁上单个粗砾石或聚集状砾岩被冲刷脱落形成小的凹坑；B. 在垂向水流的
不断侵蚀作用下，更多的洞穴形成了且沿着灰色条带垂向分布；C. 随着侵蚀作用的继续，小
洞穴逐渐变大并与旁边的洞穴串通形成较大的椭圆形洞穴

注释

⑬片流垂蚀作用是相对于河流侧蚀作用和下蚀作用而言的，指崖壁暴雨水流沿陡峭岩壁近似于垂直落下时对沿途岩石进行的破坏作用。以垂蚀作用为主形成的洞穴包括圆锥状洞穴、顶穴（在较大洞穴的顶部）、竖状沟槽、竖状洞穴、落水洞，其集合体包括扁平状洞穴、串珠状洞穴、珠帘状洞穴，其中珠帘状洞穴景观最为典型。

丹霞洞穴成因之谜

　　丹霞崖壁上布满了大大小小的洞穴，它们是由砾石脱落、水流冲刷、差异风化作用形成的，往往是各种因素综合作用的结果。崖壁片流垂蚀作用形成串珠状洞穴是一种特殊的丹霞作用，丹霞山龙鳞片石（绿色蜂窝状洞穴）形成过程中生物作用的贡献显著。

　　片流垂蚀作用是笔者提出的一个新概念，用来表述在陡峻的岩石崖壁上由于暴雨形成的暂时性水流，沿着竖直沟槽近似垂直落下时进行的侵蚀作用。它是丹霞作用中一个极为重要又尚未引起重视的特殊侵蚀作用方式，它有别于我们熟知的河流侧蚀作用和下蚀作用。垂蚀作用可分为冲蚀和涡蚀两种基本作用方式，前者为水流顺着崖壁往下流动或者垂直下落，后者为水流遇到陡壁上凹洼处或洞穴时沿着其顶部斜面流入形成涡流。涡蚀作用往往还借助于风力的吹动，由于旋转水体垂直崖壁往里钻蚀，故也可叫钻蚀作用。

　　冲蚀作用常在崖壁上形成竖状沟槽和竖状洞穴（往往沿垂直节理冲蚀），在地面形成落水洞。涡蚀作用则是水流旋转形成崖壁上的圆锥状洞穴，也可以发生在较大洞穴的顶部而形成顶穴。在丹霞地貌崖壁上，由于近水平岩层的抗侵蚀能力强弱相间，多个岩层的圆锥状洞穴在垂向上构成串珠状和珠帘状洞穴。圆锥状洞穴进一步涡蚀时，往往在同一软弱岩层内横向扩大成扁平状洞穴，进一步发展可以使相邻洞穴相连，形成洞穴高度比较一致的水平岩槽。因此，陡崖洞穴形成的主要水力学机制是垂蚀作用，而不是过去通常认为的河流侧蚀作用形成洞穴后地壳运动抬升到高处所致。

……

由片流垂蚀作用形成的丹霞崖壁洞穴的时代具有垂向一致性。暴雨片流从上往下急速流动，在崖壁上选择某些粒度差异大的岩层进行侵蚀形成各种洞穴。由于丹霞岩层产状较平缓，同一岩层中的洞穴呈现出水平方向展布特点，但它们可以是不同时期水流形成的。即在水平方向上，不同洞穴的流水作用和时代不具有一致性。从山顶到山脚，纵向上的一系列洞是同时间形成的。而河流侵蚀的洞穴，同一水平方向上是同时形成的。这对于丹霞地貌洞穴年代学研究方面，是一个特别有意义的新认识。

【Guo FS，Chen LQ，Xu H，Liu X. Origin of beaded tafoni in cliffs of Danxia landscapes，Longhushan Global Geopark，South China. Journal of Mountain Science，2018，15（11）：2398–2408.】

由于砾岩、砂岩具有碎屑结构，崖壁水流的冲蚀作用首先会使突起的部分砾石脱落，并带走软弱岩层的泥砂，可形成小洞穴。在由砾岩和砂岩（粉砂岩）间互成层构成的崖壁上，由于岩石性质不同、抵抗风化能力不同而导致的差异风化作用，可使相对软弱岩层（砂岩、粉砂岩层）风化速度相对较快而内凹成槽洞。根据其形态特征和演化阶段分别称为岩槽、额状洞穴、扁平状洞穴。在洞穴演化过程中，常伴随岩块崩塌。雨水渗入岩层后，在微观尺度上与岩石中的长石矿物、碳酸盐岩砂砾及钙质胶结物发生化学反应导致其溶蚀，破坏了岩石的完整性，降低了岩石的硬度，并在溶蚀掏空部位形成洞穴。有时可形成集群式洞穴，形似蜂巢，故称为蜂窝状洞穴。蜂窝状洞穴的形成除了水和盐分的分布及运动外，生物作用也可参与其中。丹霞山龙鳞片石蜂窝状洞穴外形非常规则，蓝藻的保护作用功不可没。

……

　　在丹霞山长老峰锦石岩寺大型扁平洞穴内后壁上，有一个长 10 米、宽 2 米的绿色条带，是由直径 5～10 厘米的小型蜂窝状洞穴组成的，其较大的规模和神秘的成因总是吸引游客驻足深思。小洞穴深度较大，最深可达 20 厘米，开口形态主要呈五边形和六边形，非常规则，总体与泰森多边形一致。这些特征说明龙鳞片石小型蜂窝状洞穴系统处于稳定的状态，这主要得益于以下三个方面因素综合作用的结果。一是发育这些洞穴的岩石是丹霞组锦石岩段风成砂岩，层系厚度大，岩石颗粒相对均匀；二是该处位于大型扁平洞穴内，形成了一个相对温和的微气候环境；三是生物作用的参与，绿色的蓝藻主要覆盖在小洞穴的边缘，对其起到保护作用，才使得许多洞穴之间的隔壁厚度为 1～2 厘米，但是洞穴深度却超过了 10 厘米。

　　【Chen, L.Q., Guo, F.S., Liu, F.J., Xu, H., Ding, T., Liu, X. Origin of tafoni in the Late Cretaceous Aeolian sandstones, Danxiashan UNESCO Global Geopark, South China. Acta Geologica Sinica–English Edition, 2019, 93（2）：451–463.】

江畔何人初见月　江月何年初照人

　　地球已有 46 亿年的演化历史。我们所看到的地貌景观都是亿万年地质演化的结果。丹霞地貌有 3 个重要的地质年龄：红层沉积的年龄；红层盆地开始抬升并接受风化剥蚀的地质年龄；现代地貌格局形成的地质年龄。

　　粤北红层形成于距今近亿年前的晚白垩世，历经早期碎屑物沉积、压实胶结成岩阶段，后期地壳抬升、断裂切割、风化剥蚀和崩塌瘦身等漫长艰苦的孕育过程，终于在距今 600 万年前的新近纪末成就了赤壁丹崖，之后又开始慢慢地雕塑演化进程。

　　丹霞地貌形成与演化历经千百万年。"丹霞"一词可追溯到三国时期，距今有 1800 多年了，从云彩、色泽演变到山名寺号。直到 20 世纪初丹霞层、丹霞地貌才有了自己的名字，90 多年来关于其远亲近邻和前生今世依然争论不休。可谓是"千呼万唤始出来，犹抱琵琶半遮面"。事实上，学术争论是一个不断逼近真理的过程，丹霞地貌神秘面纱的完全揭露需要后来人不忘初心、继续探索。

丹霞地貌相关年龄简表

　　红层沉积、盆地开始隆起、丹霞地貌形成分别有 3 个不同的地质年龄，以广东丹霞山为例，大致为距今近亿年、距今 6000 多万年、距今 600 多万年，如今还处在不断演化进程中。

地点	红层岩石地质年龄	盆地抬升地质年龄	丹霞地貌形成地质年龄
广东丹霞山	晚白垩世 （距今 1 亿～0.66 亿年）	古新世 （距今 0.66 亿年）	中新世—更新世（距今 0.06 亿～0.01 亿年）
江西龙虎山、龟峰、广丰、石城	晚白垩世 （距今 1 亿～0.66 亿年）	始新世 （距今 0.56 亿年）	中新世—更新世（距今 0.14 亿～0.01 亿年）
陕北榆林、延安	早白垩世 （距今 1.4 亿～1 亿年）	古新世 （距今 0.66 亿年）	上新世 （距今 0.05 亿年）
张掖冰沟	早白垩世 （距今 1.4 亿～1 亿年）	中新世 （距今 0.08 亿年）	中新世 （距今 0.07 亿～0.06 亿年）
新疆阿克苏	新近纪 （距今 0.23 亿～0.0258 亿年）	第四纪 （距今 0.0258 亿年）	第四纪 （距今 0.0166 亿年前）

　　注：盆地抬升和丹霞地貌形成年龄数据来自黄进、丁宏伟、潘家伟、袁宝印等人的学术著作。

【黄进.丹霞山地貌.北京：科学出版社，2010：232-233.】
【黄进.石城丹霞地貌.北京：科学出版社，2012：176-177.】
【黄进.广丰丹霞地貌，北京：科学出版社，2013：148-149.】
【丁宏伟、王世宇，尹政，等.张掖丹霞暨彩色丘陵地质成因及与南方丹霞地貌之对比.干旱区地理，2014，37（3）：419-428.】
【潘家伟、李海兵、孙知明，等.青藏高原西北部晚第四纪以来的隆升作用——来自西昆仑阿什库勒多级河流阶地的证据.岩石学报，2013，29（6）：2199-2210.】
【袁宝印、汤国安，周力平，等.新生代构造运动对黄土高原地貌分异与黄河形成的控制作用.第四纪研究，2012，32（5）：829-838.】

2.4 丹霞地貌走向世界

> 万山红遍映丹霞，丹霞是中国的自然瑰宝

90 多年来，我国几代地质学家、地理学家对丹霞地貌研究付出了不懈努力，从时间维度上看大致可划分为 4 个阶段。

初创阶段（1928～1949 年），将丹霞引入地层学、地貌学领域，开始对中国东南部地区中生代红层的地层、岩性、构造及地貌特征进行研究与论述，标志着丹霞地貌走上学术舞台。

成型阶段（1950～1990 年），在大规模区域地质调查和综合科学考察中，丹霞地貌的概念得到广泛使用。红层地貌、丹霞地貌作为独立的岩石地貌类型进入地貌学教材和地貌图件中。对以丹霞山为代表的我国南方主要丹霞地貌发育过程和地貌坡面基本形态做了系统总结，丹霞地貌作为一个独立地貌类型的学术研究已初成

体系。

大发展阶段（1991～2003 年），1990 年黄进主持了我国丹霞地貌研究的第一个国家自然科学基金项目，也开始了他对中国丹霞地貌的全面考察，并带动各地学者开展了广泛的调查和研究，研究内容涉及基本理论、研究方法、历史文化、旅游开发和科普教育等。1991 年，由陈传康、黄进发起在丹霞山召开了第一届全国丹霞地貌旅游开发学术讨论会，并成立了"丹霞地貌旅游开发研究会"。

2000 年，在国际地貌学家协会南京专题会议上，彭华提交了中英文对照版的"中国丹霞地貌及其研究进展"并做了大会交流，第一次系统介绍我国丹霞地貌的研究水平，是将中国丹霞地貌推向世界的开端。

国际化阶段（2004 年至今）：2004～2007 年，联合国教科文组织先后批准了广东丹霞山、福建泰宁、江西龙虎山－龟峰 3 个以丹霞地貌为主要景观的世界地质公园[14]。2009 年，国际地貌学家协会批准成立了丹霞地貌工作组，标志着丹霞地貌研究走上了国际学术舞台。2010 年 8 月，贵州赤水、福建泰宁、湖南崀山、广东丹霞山、江西龙虎山－龟峰和浙江江郎山组成的"中国丹霞"被正式列入《世界遗产名录》[15]。在中国丹霞地貌学者和地方政府的共同努力下，终于把在我国命名并研究最深入的丹霞地貌作为一种特殊地貌类型推上世界，为国际地貌学界所认可，同时迎来了丹霞地貌风景区的旅游开发和遗产保护热潮。

注释

⑭地质遗迹（也称地质遗产）是指在漫长的地质历史时期中，由于地球内、外动力地质作用所形成、发展并遗留下来的不可再生的地质体和地质现象。**地质公园**（Geopark）是以具有特殊地质科学意义，稀有的自然属性和较高的美学观赏价值，具有一定规模和分布范围的**地质遗迹**景观为主体，并融合其他自然景观与人文景观而构成的一种独特的自然区域。它既为人们提供具有较高科学品位的观光旅游、度假休闲和文化娱乐场所，又是地质遗迹景观和生态环境的重点保护区，地质科学研究与科普教育的重要基地。

建立地质公园的目的主要有三个：保护地质遗迹、普及科学知识、开展旅游促进地方经济发展。

地质公园分为四个等级：世界地质公园、国家地质公园、省级地质公园、县（市）级地质公园。世界地质公园必须由联合国教科文组织批准和颁发证书；国家地质公园必须由所在国中央政府（目前中国由自然资源部代表中央政府）批准和颁发证书；省级地质公园必须由省级政府批准和颁发证书；县（市）级地质公园必须由县（市）级政府批准和颁发证书。

2020年是中国地质公园建设20周年，我国已有世界地质公园39个、国家地质公园219个（另有建设资格51个）、省级地质公园343个。

⑮世界遗产是指被联合国教科文组织和世界遗产委员会确认的人类罕见的、无法替代的财富，是全人类公认的具有突出意义和普遍价值的文物古迹及自然景观。

世界遗产包括文化遗产（包含文化景观）、自然遗产、文化与自然双重遗产三类。广义概念，世界遗产分为物质遗产（文化遗产、自然遗产、文化和自然双重遗产）和非物质文化遗产。

截至2019年7月10日，世界遗产总数达1121项，分布在世界167个国家和地区，世界文化与自然双重遗产39项、世界自然遗产213项、世界文化遗产869项。中国拥有世界遗产55项，总数和意大利并居世界第一。

用汉语拼音命名的"Danxia"走向国际舞台

2004年，丹霞山成为首批世界地质公园，"丹霞地貌"概念

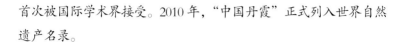

首次被国际学术界接受。2010 年，"中国丹霞"正式列入世界自然遗产名录。

地貌之国粹

在地貌学的辞典中，很少有"丹霞"这样的词条是用汉语命名的。万山红遍映丹霞，丹霞是中国的自然瑰宝。

——中国科学院院士、中国科普作家协会前理事长 刘嘉麒

【郭福生，李晓勇，姜勇彪，等 . 龙虎山丹霞地貌与旅游开发 . 北京：地质出版社，2012】

海外学者笔下之丹霞地貌

近 20 年来，美国西部和澳大利亚发育的红色砂岩地貌陆续被报道与中国东南地区的丹霞地貌极为相似。Kusky 等（2010）对江西龙虎山丹霞地貌演化开展了专门研究。Duszyński 等（2019）正式使用了丹霞地貌（Danxia Landscapes）概念，并报道了广东丹霞山顺层洞穴。Piotr Migoń（2020）介绍了崀山丹霞地貌，并阐述了崀山雷劈石石柱的崩塌过程。

【Kwan Ming Chan（陈钧铭）. Red rock of southwestern united states Formation，scenery and preservation. 经济地理，2002，22（增）：231.】

【Young R W，Wray R A L，Young A. Sandstone Landforms. Cambridge：Cambridge University Press，2009：14–226.】

【Kusky T M，Ye M H，Wang J P，et al. Geological evolution of Longhushan World Geopark in relation to global tectonics. Journal of Earth Science，2010，21（1）：1–18.】

【Duszyński F，Migoń P，Strzelecki M C. Escarpment retreat in sedimentary tablelands and cuesta landscapes–Landforms，mechanisms and patterns. Earth–Science Reviews，2019，196：14–15.】

【Piotr Migoń. Geomorphology of conglomerate terrains–Global overview. Earth–Science Reviews，2020，208：103302】

丹霞地貌国际化大事记

2004 年 2 月，丹霞山成为联合国教科文组织认定的首批 28 家世界地质公园之一，"Danxia Landform"概念被国际地质科学联合会和联合国教

科文组织正式接受。

2005年2月，联合国教科文组织批准泰宁地质公园为第二批世界地质公园。

2007年11月，龙虎山–龟峰荣膺第四批世界地质公园。

2009年5月，在丹霞山召开了首届丹霞地貌国际学术讨论会，大会通过了"丹霞宣言"，丹霞地貌作为一个特殊地貌类型引起了国际学术界的关注。

2009年7月，在澳大利亚墨尔本召开的第七届国际地貌学大会上，国际地貌学家协会（International Association of Geomorphologists，IAG）批准设立"IAG丹霞地貌工作组（IAG Danxia Geomorphology Working Group）"，明确标志着丹霞地貌研究走上国际学术舞台。

2010年8月，在第34届世界遗产大会上，由广东丹霞山、湖南崀山、福建泰宁、贵州赤水、江西龙虎山–龟峰和浙江江郎山组成的"中国丹霞"系列提名地正式列入世界自然遗产名录。

【彭华.丹霞地貌学.北京：科学出版社，2020.】

【彭华，潘志新，闫罗彬.国内外红层与丹霞地貌研究述评.地理学报，2013，68（9）：1170–1181.】

第3章

丹霞文化璀璨夺目

丹霞文化是丹霞地貌分布区自然地理环境所孕育的一种独特文化现象。以丹霞地貌为载体，依托红色砂岩、天然陡崖、神秘洞穴、涓涓溪流和葱绿植被，经千百年来融合和积淀而形成的丹霞文化，是中国传统文化的重要组成部分。

丹霞文化对色、形、意融会贯通。中国人对红色有一种特殊的偏爱，红色象征着权威、富贵、喜庆、吉祥、神圣、辟邪等含义。丹霞地貌色若渥丹，与人们向往吉祥如意的心理需求相契合。陡崖、洞穴为寺庙、道观、崖墓、石窟、摩崖石刻提供了天然条件，红色砂岩也成为极佳的建筑石材。丹山碧水环境优美，满足了人们怡情山水、羽化升天、天人合一的意境要求，孕育了崖居、宗教、书院文化，具有很高的美学观赏和历史研究价值。

3.1　崖居和古山寨

天然洞穴是远古时代人类避风躲雨和防备野兽侵袭的首选场所，它满足了古人对生存居所的最低要求。虽然进入氏族社会以后，生产力水平提高，房屋建筑也开始出现，但在环境适宜的地区，穴居依然是当地人主要的居住方式。穴居是人类改造自然环境、创造人类文明的有力见证，是民居文化史上的"化石标本"。

洞穴是丹霞地貌常见的景观类型。红层产状平缓、岩石软硬相间，在差异风化、流水侵蚀、重力崩塌作用下常形成额状洞、扁平洞[①]。大型丹霞洞穴具有良好的通风性、干燥性、坚固性，洞内冬暖夏凉、洞外水源充足，加上砂岩质地疏松，易于修整开凿，使丹霞洞穴成为古人进行生活与生产的理想场所。陕北丹霞石窟奇观与其所承载的宗教文化、古居文化、红色文化融为一体。

注释

①额状洞是由于丹霞崖壁的上部岩层突出而形成的，洞穴相对不深，洞顶状似人头额部凸起的平缓弧形曲面，也称额状崖，如丹霞山片鳞岩。

扁平洞是比较深的洞穴，洞顶平缓上拱，洞壁往里凹，整个洞身受抗风化能力较弱的岩层控制而呈扁平状。如丹霞山锦石岩寺大雄宝殿、混元洞、狮子岩。

额状洞继续侵蚀和崩塌加深就演变成扁平洞，两者底部都比较平坦。

> 丹霞崖居是民居文化的活化石

丹霞崖居历史久远，古人利用赤壁丹崖上的洞穴作为居住场所。崖居巧化天然山体为屏障，既能起到避风遮雨、防兽防盗作用，又节约了建筑材料，是人与自然和谐关系的体现。

龙虎山穴居建筑（郭福生摄）

当地居民巧妙地利用天然洞穴做屋顶，洞口砌上红色砖墙，房屋与岩石、植被融为一体

　　湖北恩施土家族有"逐穴而居"的风俗，如今恩施土家族苗族自治州的瓦店子村、二凤岩村仍有居民居住在崖洞中。恩施土家族苗族自治州城郊有独特的丹霞地貌，其中一处俗称"赤壁墙"，崖居聚落分布于此。崖居多在半山腰，村民自己凿出了"盘壁小道"，即在崖壁上以"之"字形盘壁上下，石阶旁的崖壁上还凿有手扶的凹槽。崖顶绿树成荫，泉水由山顶倾泻而下，崖前是一片风光旖旎的梯田，水稻、油菜、莲藕及其他农作物错落有致，形成了由崖居与田园构成的立体山村风光。除此之外，四川合江县福宝镇三元洞、湖南省永兴县狮子坦、福建省泰宁县圣丰岩等地也存在丹霞崖居的现象。现代丹霞崖居的存在为民居方式的多样性提供了生动实例。

　　随着社会经济的发展和人民生活条件的改善，有人居住的崖居已越来越少见，但全国各地还有数量众多的丹霞崖居遗址。福建武夷山现存数十处古崖居，其中位于水帘洞景区的古崖居（天车架）保存最为完好。崖居嵌于崖壁半腰的一条东高西低、长约百米的岩罅中，建筑为土木结构，上下相距数十米。东端为膳食区，完好地保存着民用的瓮、石臼、舂杵、土灶等遗留物。中部为起居区，深宽各数十米，有两层木楼房，梁、柱、檩等均保存良好。西端装有4副辘轳，用于载人上下和传送物资，绞盘和辘轳架等仍可使用。相传宋代就有山民穴居于此，清朝末年当地富豪士绅多次在此躲避战乱。

丹霞山五仙岩（朱家强摄）

相传五位大师在此得道成仙而得名，山顶是王朝寺，中层原有崖居人家，如今崖居只剩遗址

陕西旬邑黑牛窝（张拴厚摄）

黑牛窝石窟寺原为佛窟，后来被村民用来居住，岩壁上的佛教壁画还依稀可见

旬邑县留石村丹霞崖壁与石窟（郭福生摄）

崖居溯源

　　古人最早是以天然洞穴作为居住地，丹霞地貌的天然崖洞是理想场所。

　　我国古文献记载、考古发掘材料和民族学材料都证明，我们的先人最早是以穴居方式居住的。

　　在我国的古文献中有关穴居的记载，虽然扼要，但还是很生动的。如《周易》载："上古穴居而野处。后世圣人易之以宫室，上栋下宇，以待风雨，盖取诸大壮。"《礼记·礼运》载："昔者先王未有宫室，冬则居营窟，夏则居橧巢"。……《太平御览》卷78引项峻《始学篇》载："上古皆穴居，有圣人教之巢居，号大巢氏，今南方人巢居，北方人穴处，古之遗俗也"。

　　据考古发掘材料，"中国境内，在距今约五十万年前的旧石器时代初期，原始人群曾利用天然崖洞作为居住处所"。北京房山区周口店龙骨山的山洞就是一个实例。除北京周口店外，还有很多洞穴留下了原始人居住的痕迹。如在山西垣曲、广东韶关和湖北长阳曾经发现旧石器时代中期"古人"所居住的山洞。江西万年仙人洞、广东翁源吊珠岩洞、云南老鹰山、四川巫山青石洞等都留有原始人居住的痕迹。大约进入旧石器时代晚期以后，南方各族由天然洞穴改进为巢居，北方各族创造了人工营造的竖穴。从居住天然洞穴到居住人工营造的洞穴和巢居住所，是人类物质文化的极大进步。今天在我国某些地方的人们仍然居住山洞、窑洞，这无疑是穴居的遗存。

　　据文献【赵复兴.中国的穴居文化及其遗存.内蒙古社会科学，1999，（1）：82–88.】

避乱御敌的丹霞古寨

古寨是丹霞人文景观中一抹靓丽的风景。不少丹霞石峰的顶面宽广平缓，四周为悬崖绝壁，悬崖上常有洞穴发育。当地人在这些陡壁的适当部位凿一条隐秘的小路通向山顶或石穴，并在最险窄的地点设下关口，形成"一夫当关，万夫莫开"的架势。遇有战乱或匪患，当地乡民则临时穴居洞内，守卫避乱，故称为"寨"。

作为百姓避难的场所，古寨多是百姓集体兴建，遇战乱就整村迁移到山中。也有富户豪绅自建一山寨，寨内长年存储有粮食，以躲避战乱或匪祸。可以说，无处不在的丹霞古寨，其实是一部百姓避乱苟安的辛酸史。全国丹霞古寨已发现千余个，集中分布在江西、广东、湖南、四川等地。

丹霞古寨的类型

丹霞地貌遍布古山寨，百姓用作避难之所，土匪占作巢穴，也常为兵家必争之地。

据中山大学黄进教授普查的全国丹霞地貌 1057 处（2016 年 1 月），其中以寨或城为名的就有 97 处。也有一些不以城寨为名，而实有丹霞古寨遗址的丹霞地貌点。丹霞古寨依其功能，可分为三类：

（1）民用丹霞古寨：在战乱年代，老百姓为了自保而建立古寨，江南

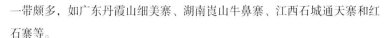

一带颇多，如广东丹霞山细美寨、湖南崀山牛鼻寨、江西石城通天寨和红石寨等。

（2）军事丹霞古寨：以四川盆地南宋抗蒙古寨最为突出。80% 的军事要塞建立在丹霞崖壁之顶，如合川钓鱼城、泸州神臂城、乐山三龟九顶城等。

（3）绿林丹霞古寨：丹霞陡崖常为啸聚山林者利用，作为其巢穴。如丹霞山金龙寨相对高度 335 米，地势险要，曾长期为匪窝。

据文献【罗成德，王付军．丹霞地貌崖文化初探．乐山师范学院学报，2016，31（12）：57–60.】

广东丹霞山先民在悬崖顶部构筑山寨以躲避战乱或匪祸。古山寨或利用岩洞，隐蔽幽深；或利用崖顶缓坡，凭险临渊，开旷舒坦。文物调查发现，目前有 200 多座各个朝代遗留下来的山寨，可谓逢山必有寨。

黄巢寨是丹霞山最为奇特的山寨之一，坐落于丹霞山东部僧帽峰脚下。据传黄巢曾率农民起义军在此驻扎过，因而得此名。古寨建筑物之多、之奇、之伟及保存之完整，在丹霞山的各山寨中当属罕见。山寨建在靠近山顶的巨岩之下，岩长 120 多米，深 15～25 米，岩口最高达 60 多米。东崖有多层岩洞，十数间房子傍崖而建，每间房约有 10 平方米。炮楼建在一块高出地面 2.5 米的方石之上，楼上东墙、南墙均设炮眼、枪眼数个。山寨有寨门，用凿成的大石砖、大石板砌造，至今保存完好。

北方丹霞地貌区也存在一些古山寨，志丹县永宁古寨就是最具代表性的丹霞古寨之一。永宁古寨位于志丹县永宁镇洛河东侧的永宁山上，兀然耸立似一座通天塔。据记载，宋代在此地建有山寨，以防范外敌入侵。经过历代的开凿，山上的石室、石窑、石洞已达

100 多间（孔），约可容纳千余人居住生活。石洞分为上中下三层，每一层山寨之间由石桥连通，山寨与地面仅靠南边断崖上搭的天桥相连。此寨易守难攻，威名远播。清代同治年间，当地社会动乱，百姓百余户在此避乱，依恃天险，外人久攻不克。

丹霞山黄巢寨（朱家强摄）
黄巢寨的大部分房子已经坍塌，现在只剩残垣断壁

3.2 悬棺葬

葬式是一个民族最具代表性的传统风俗之一，悬棺葬②是我国南方古代居民一种特殊的葬俗。古越人认为保存好逝者的尸骨，后人便可与其灵魂进行交流。为尽量减少人和动物对尸骸的破坏，他们将殓装尸骨的棺材放置在人迹罕至的临水悬崖上，久而久之就形成了悬棺葬。悬棺葬发源于以武夷山为中心的赣闽交界地区，传播到东南沿海和长江中下游地区，进而传至川、陕和西南地区。

②悬棺葬是中国古代葬式的一种，将棺木悬置于崖洞中、崖缝内，或置于插入悬崖绝壁的木桩上，或半悬于崖外。悬置越高，表示对死者越尊敬，也有羽化升天的愿望。其中将棺木安放在绝壁岩洞中的悬棺葬也叫崖墓。

　　丹霞悬棺葬最早可追溯至 2600 年前，古越人③在赤壁丹崖上安放先人棺椁。"船棺真个在，遗蜕见崖看""三曲君看驾壑船，不知停棹几何年"等即是前人对高悬于陡崖绝壁的崖墓葬遗迹的感叹。丹霞崖壁高耸陡直，直插云霄，好像是通往天堂的阶梯。古人认为灿若朝霞的鲜红色能辟邪驱鬼，保佑死者安息，加上丹山之下曲水长流，很契合人们祈求吉祥的心理。此外，丹霞崖壁上的洞穴通风、干燥，不受外界干扰，葬具及陪葬品易于完好地保存。

③古越人，是百越地区越人各部的统称。百越在文献上也称为百粤、诸越，古文中常泛指南方地区。越或百越都只是一种泛称，并非民族概念，泛指长江中下游及其以南地区的古代部落。不同地区的土著又各有其名，有吴越、闽越、扬越、南越、西瓯、骆越等。

　　闽赣交界地区丹霞地貌最为典型，也是崖墓最集中的地区。江西龙虎山是崖墓文化的发祥地，在仙水岩一带的悬崖上保存着 200 多处春秋战国时期的崖墓，是中国现存数量最多、随葬品最为丰富、崖葬景观最为独特的崖墓群。龙虎山仙水岩崖壁耸立于泸溪河畔，陡峻如刀削，崖壁上发育大量扁平洞穴，是安放棺木的绝佳之处。崖墓多为距水面 10～60 米高的天然洞穴，棺木几乎全都是由独木挖空制成，类似独木舟。崖墓洞口还安装有封门板以避雨避晒，有的棺木底下还有景德镇陶土起铺平洞底之用。

龙虎山仙水岩崖壁与崖墓（郭福生摄）

绝壁陡崖上布满了扁平状洞穴，洞穴中安放了古越人的棺木。陡崖下面是清澈见底的泸溪河

龙虎山崖墓（郭福生摄）

在龙虎山仙水岩的临水崖壁上，扁平状洞穴密集成群，大小各异，其中安放了许多棺木

考古发现龙虎山崖墓主人是春秋战国时期的百越族居民。随葬品非常丰富，目前发掘的 14 座崖墓中出土棺木 37 具，木、竹、陶、瓷、骨质文物 250 余件，其中十三弦琴使中国的弹奏音乐史向前推进了 700 余年。纺织工具斜织机的构件如梭、提综杆、分经棍、剔纱刀等也为世人关注，它们的发现将中国使用先进斜织机纺织高级绸布的历史从东汉推进至春秋时期，引起了海内外考古界的轰动。

　　在科技落后的古代，2600 多年前的古越人先民如何将沉重的棺木安放在离水面近百米高的绝壁洞穴之中，乃是千古之谜，因此蒙上了一层神秘的色彩。

　　1998 年伊始，同济大学、加州大学圣迭戈分校与江西省文物部门协作，联合开展了大量的调查取证和实验研究。6 月 13 日，崖葬课题研究小组利用仿古绞车、古代木制土滑轮等原始机械工具，在五位药农的帮助下成功实施了升棺模拟。古越人从后山爬上山顶后垂下两根粗绳，其中一根绳将一人采用荡秋千的办法荡进墓洞中。另一根绳则绕过山顶上的树桩，穿过木制滑轮，一头连着放置在泸溪河船上的棺木，一头绑在山脚下木制绞车上，由几个人同时绞动绞车，将棺木慢慢升起。当棺木升至与洞口平行位置时，先入洞之人即可将悬空的棺木拉入洞中。

　　如今，这种升棺方法成为一个定期表演节目，设置在仙水岩悬棺比较集中的飞云阁，是游客必到之处。

　　丹霞山木平寨悬棺葬位于仁化县周田镇和平村以西 6 千米处海拔 223 米高的山上。在狭长岩缝内，坐西北朝向东南，并排斜放三副木棺，棺木长 2 米、宽 0.5 米、高 0.5 米，中间一副棺木已部分毁坏并被清空，另两副棺木内有骨骸，据查均为男性。悬棺葬前面地形比较平坦，遗留有陶器碎片。悬棺葬年代约为明末清初。此处以东 60 米崖壁下原另有三副棺木，现均已遭受破坏，棺木被烧或拆，仅剩木板和碎裂骨骸。

龙虎山仿古升棺表演（朱思进摄）

丹霞山悬棺（刘加青摄）

鄂西丹霞悬棺葬颇具特色

悬棺葬是一种独特的民族习俗，洞龛形态各异。丹霞地貌陡崖发育，红砂岩易于开凿，红色契合古人永生心理，因而丹霞地貌地区悬棺葬广泛分布。

鄂西丹霞地貌中的悬棺葬一般多为崖窟式，选择在比较陡峭的地方，以人工在崖壁上凿出洞龛，将棺木放置其中。这种洞龛一般都不大，长宽在 3 米以内，形制可分为方穴、横穴等，洞口比洞室小。

【葛云健、张忍顺.悬棺葬及其与丹霞地貌的关系.南京师范大学报（自然科学版），2004，27（3）：92-96.】

作为一种独特的民族习俗，悬棺葬在鄂西分布较广，当地人称为"仙人洞""箱子岩""柜子岩"等。具有代表性的利川七孔子崖墓位于建南镇西北 5 华里处的红砂崖上，为人工凿成的 7 个石孔。其前有建南河，自南向北流过。七孔子高离地面 10 余米，分两行排列。洞口比洞室小，洞口外上方刻有风雨槽，其中一孔洞口还雕有高约 0.3 米的两立人，似卫士守护在洞口。

据文献【王晓宁.鄂西的悬棺葬.湖北民族学院学报（社会科学版），1998，16（2）：47-53.】

3.3　儒佛道三教交融

云雾缭绕中的红色城堡式群峰与神话中的仙山琼阁有几分吻合，庄重而深邃。丹霞地貌的山岳，大多被僧道居士开辟为宗教活动场所，成就了许多宗教名山，使丹霞与宗教文化结下了不解之缘。丹霞地貌的平坦顶面、缓平麓部、半山腰和洞穴，是修建寺院道观的理想之地。

诞生于春秋时期的儒家文化是以孔子为先师、儒家思想为核心的文化流派，已深深植根于中国文化价值体系。儒家在丹霞名山中留下了丰富的文化遗产，如武夷山、都桥山、方岩山、崀山等。两汉之际，佛教沿丝绸之路传入中国，丹霞地貌随即开始了与佛教文化的结合过程，构成深山藏古寺的景象。东汉末年，河西走廊的丹霞地貌崖壁已开凿了石窟。随着历代统治者对佛教的愈加重视，构筑石窟寺的风气遍及全国，并一直延续至清代。西北地区现存的丹霞石窟群数量多、规模大，其次是四川盆地。佛教传入之后兴起的道教，其诞生之地便是江西龙虎山。丹霞地貌的洞窟，常为道家修行、炼丹之所。道教四大名山中的江西龙虎山、四川青城山、安徽齐云山都是丹霞地貌。

丹霞地貌受到儒、佛、道三教的共同偏爱，往往一座山中三教交融，形成三位一体的有趣格局，如四川青城山、安徽齐云山、江西龙虎山等。这些名山中道观、书院与寺庙亲密为邻，交汇融合，成为儒释道三教合一历史进程的见证。

天下名山僧占多

丹霞山古刹名寺林立，早在隋唐时期就有僧尼进山经营，兴建佛寺。北宋徽宗崇宁二年（1103 年），法云居士云游至仁化县丹霞山锦石岩，发现一处岩洞，形状奇特，天然形成一座美房，环境极为清幽，见奇洞胜景，山石"色如渥丹、灿若明霞"，顿觉醒悟，发出"半生都在梦中，今日始觉清虚"的感叹，遂题"梦觉关"，并在此建庵宇 18 间，供奉观音菩萨。明清时期，丹霞山寺庙兴建达到最盛。别传寺是丹霞山最具代表性的寺庙之一，为爱国高僧澹归禅师于清康熙初年创建。别传寺建于丹霞山长老峰半山腰的平台上，各类建筑均按大庙格局布置。因受地形限制，布局紧凑密集，建筑面积约 10000 平方米。寺庙背靠长老峰，面对锦江，前有小坪、两侧翠竹、芭蕉掩映，山风习习，树声沙沙，甚为清幽。每日清晨，河谷山间烟雾升腾，云海托起山寺，仿佛仙山琼阁，令人心旷神怡。

丹霞山别传寺（黄志伟摄）

　　福建泰宁甘露寺始建于宋绍兴十六年（1146年），是中国最为神奇的悬空寺。寺庙所在的岩穴呈倒三角形，高80多米，深度和上部宽度均为30多米，下部宽仅10余米。古人利用这一特殊洞穴形态，采取"一柱插地、不假片瓦"的独特建筑结构。一根粗大的柱子落地，撑托起了上殿、蜃楼阁、观音阁、南安阁共四幢重楼叠阁。建筑内部全为砖木结构，无一铁钉，雕梁画栋，工艺精湛，是我国建筑史上一大杰作。南宋时期日本名僧重源法师曾三度入闽考察，学习甘露寺的建筑工艺，回国后运用这个工艺重建了举世闻名的奈良东大佛殿。

福建泰宁甘露寺（刘贤健摄）
甘露寺隐藏于赤石深壑之中，左边岩块形似大钟，右边岩块状如巨鼓，甘露寺便在这钟鼓石之间，故有"右鼓左钟，庙（妙）在其中"之说

泰宁李家岩禅寺（许欢摄）

李家岩享有"中国最长丹霞岩槽"之誉，因明代兵部尚书李春烨及其儿子李自枢曾在此苦读而得名，清代初年始建寺庙

　　丹崖赤壁是佛教石窟的最佳载体，色丹、壁陡、形奇、易刻，有利于佛教造像。石窟内的彩绘雕塑、壁画石刻蕴含着丰富的佛教文化信息。

　　陕西彬县大佛寺石窟是丹霞石窟的杰出代表，也是丝绸之路重要的地理坐标。大佛寺石窟始凿于南北朝时期，大规模开凿于唐初，其中的唐代大佛为关中地区规模最大的石窟造像，体现了石刻大佛艺术自西域东传而来及其在关中地区的流行状况。整个石窟错落绵延在 400 米长的奇峭崖面上，自西向东分僧房窟、千佛洞、大佛窟、佛洞和丈八佛窟五个部分。据统计，大佛寺石窟共有大小石窟 130 多个，窟内有佛龛 446 处、造像 1980 多尊。

　　江西弋阳南岩寺又名南岩佛窟，始建于晋代，三面丹霞岩石环绕，不瓦而栋，不檐而藩，以洞成寺。洞穴宽 70 米，高 30 米，进深 30 米，可容千余人。南岩寺洞内现存石龛 40 余座，依岩环列呈半圆形，龛内有释迦牟尼、文殊、普贤、观音及十八罗汉等雕像，栩栩如生，石雕技艺高超。

陕西彬县大佛寺石窟（李益朝摄）

陕西靖边清凉寺（李益朝摄）
靖边清凉寺始建于北魏孝文帝年间，内凿石窟，外砌砖木，现有卧藏神窟十九孔，塑像百余尊

洞天福地始丹霞

　　洞天福地多位于名山胜景，或为山水兼备之地。道教认为山中洞穴可通达上天，道士在此修炼也可得道成仙。十大洞天、三十六小洞天、七十二福地道教圣地中，许多属于丹霞地貌。赤壁丹崖契合了道教崇尚紫色与红色的文化心理，如道士炼制丹药的汞、丹砂、雄黄，做符箓斋醮礼仪时所使用的桃木剑、朱砂、朱印，画符用的朱笔，都跟红颜色有关。丹山碧水圆、柔、平、静的形态和意境特色与道教天人合一、崇尚自然的思想理念相吻合。丰富多彩的象形石微地貌景观为道教传说提供了丰富的素材。

丹霞山仙居岩道观（黄志伟摄）

　　江西龙虎山以丹山碧水闻名于世，也是我国道教正一派发源地，是道教第十五洞天和第三十二福地。东汉中叶，道教祖天师张道陵在此炼丹布道 30 多年。自第四代天师张盛始，历代天师世居此地，守龙虎山寻仙觅术，坐上清宫演教布化，居天师府修身养性，世袭道统 63 代。

龙虎山天师府（郭福生摄）

龙虎山上清宫下马亭（郭福生摄）

道教祖庭正一观原为祖天师张道陵结庐炼丹处。正一观三面丹山环抱，面临泸溪河，周边群峰苍翠连绵，与"天人合一、道法自然"理念吻合，属"枕山环水面屏""气聚风藏"的道家修炼上乘之地。泸溪河两岸的云锦石、丹勺洞、道堂岩、仙桃石、石鼓峰等象形石为道教传说提供了极好的素材。

龙虎山正一观（郭福生摄）
丹山和绿树环抱的道教宫观

江西宁都翠微峰金精洞是丹霞穿洞，由石鼓、披发两峰夹峙而成，洞内可容千人。房舍依洞而建，洞底翠竹茂林，飞瀑流泉，气势恢宏。宋真宗时，金精洞被道家列为第三十五福地，是道教发迹圣地之一。"金精胜概"为明朝万历年间赣州知府何天德所书。

江西宁都翠微峰金精洞道教宫观（左为赖剑平摄，右为钟小春摄）

龙虎山的道教渊源

东汉中叶，张道陵从江西信江入泸溪河，北上至龙虎山，看到此地丹山碧水圆柔平静，遂在此炼丹布道，龙虎山成为道教发祥地。

丹霞地貌宏观上"色渥如丹、灿若明霞"的颜色契合了道教崇尚紫色与红色的文化心理，碧水丹山"圆、柔、平、静"的组合形态符合道教天人合一、崇尚自然的思想理念；微观上枕山面水、俯临平原、左右丹山环卫的地貌组合特征符合道教"枕山环水面屏、气聚风藏"的风水理论；造型精美、形态逼真且种类丰富的微地貌为道教传说提供了丰富的自然原型。这些独特地貌及其组合使道教在龙虎山传承逾1900年，创造和传承了内涵丰富、底蕴深厚、影响深远的道教文化。

【李志文，郭福生，孙丽，等.龙虎山丹霞地貌特征对道教文化传承之影响.热带地理，2012，32（6）：647–651.】

修身治学在丹山

"修身、齐家、治国、平天下"是儒家学说的精髓所在，既包括明德修身的自我锻造，也包括入世济民的政治抱负。古代文人偏爱优美的山水环境作为修身养性之地，或在与世隔绝的僻静之地隐居，或在名山大川建立书院传授儒学。丹崖高耸、绿林上覆、曲水环绕的清幽环境深得文人墨客的偏爱，众多著名书院均建立在丹霞

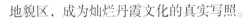

地貌区，成为灿烂丹霞文化的真实写照。

南宋著名教育家陆九渊在江西贵溪创办的象山书院为南宋四大书院之一。福建武夷山由朱熹创建的武夷精舍（书院）为程朱理学传播的道场，九曲溪两岸历代所创书院有据可考的就有 30 多处。江西弋阳的叠山书院、浙江永康方岩五峰书院、浙江烂柯山的柯山书院、安徽齐云山的天泉书院、江西兴国的潋江书院、浙江江郎山的江郎书院、福建冠豸山的二丘书院群、广西容县都峤山的白鹤书院等，都是丹霞与儒学的结缘之地。

江西铅山鹅湖书院是南宋时期与白鹿洞书院、岳麓书院等齐名的著名书院。南宋淳熙二年（1175 年）六月，著名理学家、文学家吕祖谦为了调和朱熹"理学"和陆九渊"心学"之间的理论分歧，出面邀请陆九龄、陆九渊到鹅湖书院与朱熹见面。双方争议了三天，辩论非常热烈，列席旁听的有江西、浙江、福建的官员及学者数百人，造就了中国思想史上著名的"鹅湖之会"。它是我国哲学史上一次堪称典范的学术讨论会，首开书院会讲之先河。

江西宁都翠微峰山顶"空中学堂"颇为神奇。以明末清初著名散文家魏禧为首的"易堂九子"在翠微峰顶建堂讲学，著书立说，成书 30 多种、千余卷。因"开一代风气之先""以经济有用之学显天下百年"成为"清初江西三山学派"之首，使宁都继因南宋曾原一、曾原郕被世人称为"诗国"之后，又加上"文乡"之誉，成为"文乡诗国"。翠微峰海拔 426.8 米，孤峰突兀，四周悬崖绝壁，直如斧劈，崖壁为 110～160 米高不等。东侧崖壁有垂直岩穴直通山顶，仅容一人向上攀爬，险要无比。数百年前，人们将砖瓦、食品运上绝壁山顶建空中学堂，工程艰难，堪称奇迹。

江西宁都翠微峰顶易堂遗址（左为钟小春摄；右为王道英摄）

3.4　诗词歌赋和摩崖石刻

山以文名，文以山传

　　"仁者乐山，智者乐水"，历代文人喜爱让灵魂徜徉在丹山碧水之中。丹霞地貌顶部和沟谷植被茂盛，林木苍翠，鲜花姹紫嫣红，云雾缭绕，溪流缠绕，生机盎然，与赤红刚毅的丹霞崖壁交相辉映。丹霞美景吸引着无数文人骚客前来抒发情怀，留下许多脍炙人口的丹霞诗篇。

　　描写丹霞景观的古诗词不胜其数，其中许多诗词题名中就含有"丹霞"一词。这些诗词既描绘了自然景观，也反映了古代文人的审美观、志趣及人生追求。

　　江西龙虎山境内山体重峦叠嶂，泸溪河蜿蜒曲折，道教宫观棋

布于山巅、坡麓与河旁，自然景观与人文景观水乳交融，文人墨客和道教信徒留下了大量诗词歌赋。如施耐庵在《水浒传》中描述龙虎山为"千峰竞秀，万壑争流。瀑布斜飞，藤萝倒挂。"唐代著名道士吴筠的《龙虎山》有"道士身披鱼鬣衣，白日忽向青天飞。龙虎山中好明月，玉殿珠楼空翠微。"将古今以一轮明月贯穿，写尽历史的厚重和今世的繁华。元代著名书法家赵孟頫的《水帘洞》"飞泉如玉帘，直下数百尺。新月悬帘钩，遥遥挂空碧。"将天上与地下意象奇妙地融合到一起，意境深远。这些诗词歌赋取材广泛，或写景状物，或抒情咏怀，或酬唱应和，或阐发哲理，是丹霞历史文化的宝贵遗产。

龙虎山诗词知多少

"龙虎天下绝"，丹山碧水、千年崖墓、道教祖庭被誉为龙虎山三绝，历代文人墨客和道教人士留下许多脍炙人口的诗篇。

清代著名道士娄近垣编著的《龙虎山志》中共辑录与龙虎山相关的古典诗词189首，作者跨越唐、宋、元、明、清五代……这些诗词的作者有王公贵族、朝廷官员、学者名士、知名道士。值得一提的是，龙虎山正一教历代天师里也不乏文学之士，比如第三十代天师张继先，第三十八代天师张与材，第四十三代天师张宇初，都有大量诗篇留世。这近200首山水古典诗词，总体上可以分为以下几类：一是对龙虎山风景的总体描绘；二是对龙虎山某个景点的描摹；三是描写龙虎山清幽闲适的生活。这些诗词将文学与山水、宗教联姻，将龙虎山瑰丽的自然风光与人文景观合二为

一、是我们领悟山水美学和宗教哲理的重要载体。

【周林图，郭福生.龙虎山山水古诗词浅析.东华理工大学学报（社会科学版），2013，32（3）：276–279.】

> 镌刻于绝壁之上，凝固在时空之中

丹霞崖壁陡峭平整，红层砂岩细腻软弱易于雕刻，于是赤壁丹崖上留下大量文化印记，这便是摩崖石刻④。一方方丹霞摩崖石刻，记录着不同时代的人文历史，有抒发个人志趣的，也有赞美山水的，还有书写仕宦感怀的，具有很高的美学和文史价值。

注释

④摩崖石刻是中国古代的一种石刻艺术。广义的摩崖石刻是指人们在天然的石壁上摩刻的所有内容，包括上面提及的各类文字石刻、石刻造像以及岩画。狭义的摩崖石刻则专指文字石刻，即利用天然的石壁刻文记事。

广东丹霞山为岭南胜地，开发历史悠久。唐代的韩愈，宋代的苏东坡、杨万里曾在丹霞山抒发情怀。据统计，丹霞山留有自宋代以来的摩崖石刻111题，以明清时期数量居多。宋刻8题、元刻9题最具代表性，内容涵盖题字、题记、题诗、碑文、游记等。清代题刻"丹霞"二字，气魄雄伟、书法精妙。明朝礼部主事李充茂所撰的《丹霞山记》，字大如拳，共1344字，是字数最多的摩崖石刻。这些摩崖石刻成为景区亮丽的风景线，也承载着历史、文学的演变，为优美的丹霞风景增加了深厚的人文内涵。

广东丹霞山摩崖石刻（陈留勤摄）

　　江西弋阳龟峰素有"江上龟峰天下稀"和"天然盆景"誉称，振衣台至一线天的摩崖石刻，是龟峰景区一道独特的风景。自唐代以来，崖刻达到 200 多处，形成了龟峰摩崖石刻群，字体有篆书、楷书、行书、草书等，技艺精湛，艺术风格各有千秋，堪称一道亮丽的石刻艺术长廊。著名石刻"龟峰"为明万历三十三年（1605年）江西布政使陈火烛书、弋阳知县胡士相刻，字体为小篆，采用阴刻⑤的方式，字长 0.8 米、宽 0.3 米，笔力苍健，气韵秀丽。

注释

⑤阴刻是我国传统刻字的一种基本刻制方法，是将图案或文字刻成凹形。阳刻则是将图案或文字刻成凸形。

江西龟峰摩崖石刻群（郭福生摄）

福建武夷山有 430 多幅大小不一、年代不同的石刻遗存，或荟萃于山中岩石，或点缀于溪边悬崖。这些摩崖石刻横跨时空 1500 年，书法各异，刻风拙朴。题刻内容浩繁者似长卷，记载史实者亦如碑，精短者仅有一字。武夷山天游峰北面有一组摩崖石刻，最突出的当数"第一山""福地洞天""寿""武夷第一峰""奇胜天台"等，褒赞辞藻，玄机妙语，镌刻于绝壁之上，凝固在时空之中。风格迥异的摩崖石刻，是武夷山丹霞文化的独特载体，也是武夷山世界文化遗产的重要组成部分。

丹霞地貌区历史文化遗迹

丹霞地貌与古建筑、古文化遗址融为一体，是丹霞文化中的一道亮丽风景线。

在丹霞地貌区，还保留了不少其他历史文化古迹。在古建筑方面，丹霞地貌区有大量亭、台、楼阁、古城、石坊、石桥、石塔等。如四川剑门关的姜维城、甘肃靖远的钟鼓楼、福建冠豸山的半步亭、广东丹霞山的观日亭、四川凌云山的密檐塔等。在古文化遗址方面，有古城山的商周文化遗址、龟峰商周文化遗址、武夷山城村的汉城遗址、江郎山峡里湖景区的古陶瓷手工作坊、小空山旧石器遗址等。这些类型多样、形态各异的文化景观为丹霞文化增添了华美篇章。

据文献【卢云亭，卢宏升.我国丹霞地貌区丹霞古文化研究.全国第 19 届旅游地学年会暨韶关市旅游发展战略研讨会论文集，2005：63-84.】

3.5　红色文化

红色是丹霞地貌的自然本色，丹霞地貌上还留存有许多革命历史遗迹，融入了红色文化基因，"丹霞红"与"革命红"有机融合，交相辉映。丹霞地貌地势险峻，历来为兵家必争之地。

赣东南、川黔边地区、陕北地区是丹霞地貌景观密集分布区。这些地区是著名的革命老区，其中赣东南瑞金、陕北延安是中央红军万里长征的起点和终点，川黔边地区发生了遵义会议、四渡赤水等影响中国革命历史进程的重大事件，留下了厚重的红色文化。正因为丹霞地貌与中国革命的机缘巧合，融合了红色文化的丹霞红更加熠熠生辉。

　　赣东和赣东南丹霞地貌沿信江中上游、抚河中上游、贡水流域两岸密集分布。20世纪二三十年代，中国共产党领导人民群众在这片红土地上进行了艰苦卓绝的革命斗争，形成了以中华苏维埃共和国临时中央政府诞生地瑞金为中心，拥有21座县城、5万平方千米的中央革命根据地，这里不仅是第三、第四、第五次反"围剿"的主战场，还是中央红军长征出发地，毛泽东、朱德、周恩来、邓小平，还有8位开国元帅、7位开国大将都在这里生活和战斗过。瑞金罗汉岩、广丰铜钹山红军岩、于都宽石寨、会昌汉仙岩等著名丹霞地貌景区都留下了极为丰富的红色文化遗迹。

　　宁都翠微峰绝壁石峰林立，道路崎岖，易守难攻。1932年2月，红军独立团围攻躲入山区的地主武装"靖卫团"。经过10个月的长期围困，"靖卫团"粮食耗尽才向红军投降。1949年8月6日，国民党军政要员白崇禧、何应钦来到宁都，在翠微峰金精洞召集地方军政要员开会，授意国民党中将司令官黄镇中修筑工事，凭借翠微峰天险固守顽抗。翠微峰战斗是解放江西的最后一场大仗，第144师经过25天的浴血奋战，于1949年9月23日全胜。丹霞地貌上留下了众多水井、战壕暗堡、残垣断壁等遗址，成为革命传统教育的鲜活素材。

江西宁都翠微峰暗堡（郭科生摄）

系国民党部队于 1949 年人工凿成的石屋，长、宽 2～3 米，深 1.7 米。堡内凿有射击口，
控制前方悬崖上山小道

双红旅游区刍议

丹霞地貌区地形陡峻，常常成为军事要地。赣东南和陕北等革命根据地，赤壁丹崖和红色文化交相辉映，为丹霞景区烙上了双红旅游烙印。

赣东南是老革命根据地，红色旅游资源丰富。1931 年 11 月在瑞金成立了中华苏维埃共和国临时中央政府，因而瑞金被称为红都，赣东南因此成为一片红色的土地。

赣东南集赤壁丹崖自然风光和爱国主义教育红色旅游资源于一体，形神兼红，具有鲜明的"双红"旅游特色，笔者将其称为"双红旅游区"。该区丹霞地貌分布范围又是客家民系的传统分布区，源远流长的客家文化更是为该区旅游增添了浓厚的文化内涵，同时旅游开发研究也能更深层次地挖掘这个特殊而又优秀的民系文化特色。将丰富的自然、人文旅游资源整合，可形成有较强吸引力的综合旅游景区，具有建设"红色旅游经典景区"的有利条件。可见,将赣东南丹霞地貌旅游资源与红色旅游资源相结合,开发形神兼红的"双红旅游区",对开展爱国主义教育、革命传统教育,普及地学知识,推动革命老区经济建设和社会协调发展都具有重要意义。

【郭福生,刘林清,花明,等.江西省丹霞地貌景观资源区划与双红旅游区刍议.东华理工学院学报(社会科学版),2006,25(4):363–366.】

川黔丹霞与历史转折

　　川南黔北地区是我国三大丹霞地貌集中分布区之一,遵义市赤水市境内的"赤水丹霞"是高原峡谷型丹霞地貌的杰出代表,丹崖飞瀑,峰高林密。

　　1935年1月,中央红军长征来到遵义,1月15日至17日党中央召开了政治局扩大会议(即遵义会议),结束了"左"倾教条主义在中央的统治,确立了毛泽东在中共中央和红军的领导地位。此后,毛泽东指挥中央红军在川黔滇边地区进行了出色的运动战,彻底粉碎了国民党反动派企图围歼红军于川黔滇边境的狂妄计划,实现了伟大的历史转折。中央红军在赤水县(现为赤水市)境内经历了数次战斗,四次渡过赤水河,从遭遇战到主动击敌,再到机动灵活,实现了战略转移的目的。"四渡赤水"是毛泽东革命战争史上的"神来之笔",更是中国革命史上的伟大奇观,生动地体现了毛泽东伟大的军事思想和灵活机动的战略战术。

陕北丹霞与革命圣地

　　陕北发育黄土覆盖型丹霞地貌，丹霞峡谷星罗棋布，甘泉雨岔、志丹洛河河谷等地最具特色。陕北是著名的革命老区，历经抗日战争、解放战争，毛泽东等老一辈革命家在这里生活战斗了 13 个春秋。1937～1947 年，延安是中共中央所在地和陕甘宁边区首府，是中国革命的指导中心和总后方，在这里诞生了毛泽东思想，孕育了延安精神。延安被誉为"革命圣地"，有革命旧址 445 处，延安革命遗址、瓦窑堡革命旧址、洛川会议旧址等均为全国重点文物保护单位。

保安革命旧址（延安志丹）（李益朝摄）

　　志丹县永宁山是以雄、奇、险著称的丹霞石寨地貌，四周悬崖绝壁，仅有一条人工开辟的旋转台阶通达山顶，大有"一夫当关、万夫莫开"之势。20世纪30年代初，陕北革命根据地主要创建人刘志丹在此秘密成立了中共永宁山党支部，点燃了陕甘边红色革命的燎原之火。永宁山从此成了特殊的坐标，红色山岩也有了非同寻常的意义。

志丹县永宁山（郭福生摄）

海拔 1312 米，长 2.2 千米，宽 1.5 千米，洛河环绕其东、西、南三面

刘志丹与永宁山

永宁山丹霞石寨地貌，以其雄、奇、险闻名于世。20 世纪 30 年代初，刘志丹负责秘密成立的中共永宁山党支部，点燃了陕甘边红色革命的燎原之火。

那是北洛河的春天，杏花遍地盛开，山川流溢芬芳。一位清秀少年，仰望眼前凸然孤挺的永宁山寨，用衣袖揩了一下额头上的汗珠。少年很是惊异于丹岩壁仞的山体上布满形状各异的石窑洞，仿佛蜂巢，又如楼阁，人影幢幢，声言可闻，民国保安县政府的署事木牌小小地高悬在窑眉之间。斯时，夕阳扑过来，巍然险峻的永宁山寨恰似硕大的燃烧火炬，映得脚下的洛河水粼粼如霞。少年目光热烈，绽开笑容，扛起行李卷，提了榆木箱，沿之字形的石台阶健步而上，跨过高高的吊桥口，进入了山寨。

这位少年就是刘志丹，保安县芦子沟人氏。

在永宁山寨读书的三年时间里，刘志丹目睹了军阀骑兵从山寨下旋风般驰过；俯视过流寇挥舞长枪朝山寨示威；看到过土匪吆赶着掳掠来的牛马快速遁去。民不聊生，世象纷乱，给他留下深刻记忆，立志改造社会的愿望在心里火一样升腾。怀着美好愿望，他走向了更广阔的世界，接受了黄埔军校的教育，经历了北伐的纷争，领导了渭华起义。大革命风起云涌，疾如暴风骤雨。

离别六年后，刘志丹提着皮箱，以教书先生的模样，风尘仆仆地朝熟悉的永宁山寨走来，途中与参加皖北暴动的老同学曹力如相遇。两位胸怀大志的人，踩着秋夜月色，三更时分敲开了永宁山寨，找到已经在这里任职的几位同学。共同的理想和信念，让他们热血沸腾，心志昂扬，遂秘密成立了中共永宁山党支部，点燃了陕甘边红色革命的燎原之火……

　　1935 年 9 月初，从鄂豫皖长征而来的红二十五军到达了永宁山寨下的村庄，刘志丹获得消息后亲自起草通知，派出习仲勋和刘景范骑快马前往迎接，在永宁山寨下的台地上举行了欢迎仪式……红二十五军抵达陕北的一个多月之后，饱受腥风血雨的中央红军长征抵达了永宁山寨上游六十里的保安县吴起镇。

【崔子美．刘志丹在永宁山．炎黄春秋，2016，（9）：11–13.】

第 4 章

中国丹霞之最

> 丹霞，散落在广袤大地上的彩珠，闪烁着耀眼的光芒。
>
> 丹霞，亿万年自然遗产，不可再生资源，需要全人类共同呵护。

广袤大地孕育着无数生灵，草木潜滋暗长，鸟兽飞奔嘶吼，这些景象人们已司空见惯。但是，地壳抬升岩块崩裂，风吹日晒雨淋冰冻，加之草木根系和虫鱼鸟兽的扰动，却在我们不经意间不断雕饰着岩石地形面貌，构成一幅无边无际的山水画卷。其中一抹艳丽的赤红、成片陡峭的崖壁总是最引人注目，这便是丹霞地貌。

按照戴维斯地貌侵蚀循环学说，红层盆地由于构造运动抬升起来后，在河流侵蚀作用下，地貌演化要经历青年期、壮年期和老年期阶段，最后发展成准平原，等待下一次构造隆升之后开始新的侵蚀旋回。初期山体被峡谷切割，随后山体变小，最终被侵蚀殆尽，形成新的平原。尽管一百多年来对戴维斯地貌侵蚀循环学说的合理性众说纷纭，但它对丹霞地貌研究影响很深。

从东南沿海到西北天山，从四川盆地到世界屋脊青藏高原，丹霞地貌遍布全国，但最具代表性的是入选"中国丹霞"世界自然遗产的6大景区，它们共同讲述了一个关于丹霞地貌的生命周期故事。

贵州赤水尚处于丹霞地貌发育的青年期的早期，以高原－峡谷景观为特色。福建泰宁属青年晚期，巷谷纵横交错。湖南崀山是壮年早期，峰林密集成群。广东丹霞山为壮年晚期的簇群式峰林。江西龙虎山步入老年早期，属疏散峰林景观。浙江江郎山已是老年晚期孤峰景观。

若说没奇缘，今生偏又遇着他

　　每一片丹霞地貌的故事都是从一个巨大的内陆盆地开始的。盆地周围山体的岩石被风化破碎，这些碎屑物质被大大小小的水流搬运到盆地沉积下来，在漫长的岁月里受到上覆沉积层的压实、地下水中矿物质胶结之后形成红色的岩石，地质学家把这些红色层状岩石称为红层。当这些地层因地壳运动而抬升隆起，并产生多个方向的垂直地面的断裂后，流水便开始沿着断裂裂隙流动。岩石虽硬，终究抵抗不了流水千百万年的冲刷。裂隙扩大为沟谷，沟谷连通导致峰丛林立。陡崖崩塌作用此起彼伏，先是山体变小，再到孤峰散落，直至辽阔的侵蚀平原，完成了一个地貌演化的生命周期。

　　人类个体生命何其短暂，地貌变迁却以百万年计，今日我们所看到的地形面貌只是漫长地质历史长廊中的一帧画面。然而，关于丹霞地貌的前世和未来，我们并非一无所知，科学家能带我们穿越时空隧道，一窥沧海桑田的宏伟变迁过程。

4.1　贵州赤水

青年早期高原峡谷型丹霞

赤水国家级风景名胜区位于贵州省赤水市南部，以丹霞地貌、瀑布、竹海等为主要特色，兼有古代人文景观和红军长征遗址。赤水丹霞地貌是侏罗纪、白垩纪红层强烈抬升过程中，沿断裂缝中流水冲刷侵蚀和岩块崩落而形成的，目前正处于发育壮大之时。赤水丹霞发育典型的丹崖－峡谷地形，山谷间众多梯级马蹄形丹崖赤壁和瀑布群，河流从山顶奔泻而下，撼人心魄。

一亿五千万年前，赤水是一个位于四川盆地边缘的小型内陆盆地。在干热气候条件下，河流带来的泥沙随着盆地的下沉不断堆积，厚达千米的沉积物在上覆堆积物重力作用下不断压实，形成了红层。新构造运动将盆地抬升为高原，同时产生一系列垂直断裂。

中亚热带季风气候带来丰沛的降水，广阔的高原面汇集雨水形成地表和地下径流，红层中的断裂裂隙被流水冲蚀而形成一条条峡谷。潺潺流水从峡谷的边缘倾泻而下，形成大量的瀑布景观。崖壁侵蚀和崩塌作用使得峡谷不断变宽，瀑布后退。

赤水丹霞处于高原抬升后侵蚀刚刚开始的阶段，初始高原面依然清晰可见，峡谷众多，两侧常见丹霞崖壁。当侵蚀过程不断进行，峡谷持续发育，未来的赤水丹霞会是什么模样呢？那将是另一幅类似福建泰宁丹霞的景象了。

万绿丛中一抹红，丹霞飞瀑两从容

赤水地区气候湿润，降水充沛，森林覆盖率高达90%以上，是许多珍稀动植物生长的天堂。由赤壁、峡谷、瀑布和大型崩塌巨石等构成的丹霞地貌景观，壮观而秀美，是青年早期阶段丹霞地貌的典型代表。

佛光岩（巨型马蹄形丹霞崖壁）（刘晓武摄）

因断层切割形成了陡峭平整的巨型丹崖赤壁，山顶溪流至此倾泻直下而形成一条高269米、宽42米的柱状大瀑布，飘洒俊逸。赤红岩壁、雪白瀑水、绿色植被巧妙融合，阳光下白云弥漫，如佛光普照，故名佛光岩。高空飞瀑和绝壁丹崖共同构成了青年早期赤水丹霞的美丽画卷

五柱峰（丹霞峰林）（张建宏摄）

在长期的流水冲刷剥蚀及重力崩塌作用下，石峰间的谷地进一步扩大，导致石峰根部分离，丹霞峰丛就变成丹霞峰林了。五柱峰由五座塔柱一样的丹霞山峰构成，赤壁裂纹纵横交错，与草蕨和青藤相映成趣，可谓"悬崖未存半粒土，绝壁掩藏万丈根"

赤水大瀑布（洪开第摄）

河水在流经丹霞崖壁内凹处跌落成帘状瀑布，如门帘、似银梳。该瀑布高 76 米，宽 80 米，是中国丹霞地貌上最大的瀑布，也是长江水系上最大的瀑布

杨家岩长廊（丁福秋摄）

大型扁平状洞穴及其内部的小型蜂窝状洞穴群。山体发育近水平的软弱岩层，易于被水流侵蚀和崩塌掉落，从而形成顺层状的扁平洞穴。杨家岩长廊为一巨大崩塌扁平状洞穴，长148米，宽20～40米，岩高20多米。长廊上布满了丹霞壁画石刻，而最为奇妙的则是那些自然风化形成的小型蜂窝状洞穴

四洞沟天生桥（丹霞穿洞）（洪开第摄）

岩体裂隙经长期流水侵蚀、重力崩塌形成穿洞，上部悬空呈桥梁状，称为天生桥

河床壶穴（洪开第摄）

河流带动砾石、泥沙在河床凹坑处发生旋转、冲刷和研磨，使河床岩石下凹形成圆形洞穴，
称壶穴。它们可沿河流走向形成串珠状壶穴

大同古镇（付树湘摄）

大同古镇是中国历史文化名镇，完好地保存着一些极具价值的明清建筑，结构巧妙，雕梁画
栋。贵州省第一个地下党支部"中共赤合特支" 1929 年 12 月建于此处

丙安古镇（王昌乾摄）

丙安古镇已有 2000 多年历史，是川盐入黔著名驿站和商品集散地。1935 年红军四渡赤水时，红一军第二师师部曾在这里扎营

赤水旅游小贴士

　　赤水市因赤水河贯穿全境而得名，更因中国工农红军"四渡赤水"以及"中国丹霞"世界自然遗产（赤水片区）而驰名中外。赤水距川南泸州云龙机场 65 千米，距成都 290 千米、重庆 170 千米、遵义 220 千米。想要游览全区，大概需要 3～4 天时间，小贴士推荐 2 天的精品旅游路线。

　　第一天上午游览四洞沟景区。从赤水旅游车站乘车途经河滨大道、大同古镇到达景区，距赤水市区 15 千米。观看瀑布群、河床壶穴、丹霞奇峰、洞穴、天生桥，游览大同古镇等。大同河支流沿山谷奔流而下形成四个梯级瀑布，分别叫水帘洞、月亮潭、飞蛙崖、白龙潭，两旁沟谷近 20 个山涧流泉，构成仪态万千的瀑布群落。山间翠竹繁茂，红色石径蜿蜒曲折，被誉为"万竹之园、小家碧玉"。

　　下午游览赤水大瀑布和燕子岩国家森林公园。从四洞沟景区乘旅游专线车途经大同古镇、复兴古镇、风溪口、张家湾等,来到两河口镇境内的赤水大瀑布景区。这里以丹霞陡崖和瀑布奇观著称,林木茂盛,原始生态环境保护完好。主要景点有石雕标志门(森林老人、空谷佳人)、红雨栈道、奇兵古道、美人梳瀑布、大瀑布等。赤水大瀑布高 76.2 米,宽 80 余米,被称为"丹霞第一瀑",与喀斯特地貌上的黄果树瀑布并称为贵州姊妹瀑。燕子岩是赤水市"千瀑之市、竹子之乡、丹霞之冠、桫椤王国"的缩影,景区地势险峻,集森林景观、瀑布景观和丹霞地貌为一体,由燕子岩、皇水沟、石闪坪、恒山林海四大景点构成。

　　游览结束后可回赤水市区,也可乘旅游专线车前往丙安古镇景区,晚上可以入住古镇附近的民宿,体验山地特色美食和生活气息。

　　第二天上午游览丙安古镇。丙安古镇已有 2000 多年历史,古镇依赤水河临崖而建,吊脚楼高悬于石壁之上,被誉为"明清建筑活化石"。古镇开东西二门,往日一遇匪警即关闭二门,占山为哨,全民皆兵,可谓固若金汤。曾是川盐入黔著名驿站和商品集散地,沿岸酒肆和酿酒烧坊林立。现存古建筑大体成型于明末清代,垒石为墙,砌石为门。1935 年红军四渡赤水时,红一军团第二师曾在这里扎营。镇内建有红一军团纪念馆。参观完丙安古镇后,可乘坐旅游专线车直达佛光岩景区,中途也可以下车前往竹海国家森林公园观光。

　　下午游览佛光岩景区。佛光岩景区素有"丹霞第一园""赤景一绝"等美誉,以"丹霞绝壁、天下奇观"的佛光岩和"天造地设、鬼斧神工"的五柱峰为主要景观,丹岩绝壁、奇峰异石、崖廊岩穴,移步换景。

4.2 福建泰宁

青年晚期网状峡谷——密集峰丛型丹霞

泰宁世界地质公园位于福建省泰宁县境内，面积493平方千米，由大金湖、上清溪、状元岩、猫儿山、九龙潭、寨下大峡谷、泰宁古城七大景区组成，以水上丹霞、峡谷纵横、洞穴奇观和原始生态为主要景观。泰宁古城人文历史悠久，有"汉唐古镇、两宋明城"之美誉，曾有"隔河两状元、一门四进士、一巷九举人"之盛况。

泰宁丹霞是青年晚期丹霞地貌的杰出代表。白垩纪红层经过古近纪以来多次抬升和长期剥蚀作用，断裂切割、流水侵蚀形成大量峡谷和陡壁，400多条深切峡谷群构成了独具一格的网状谷地和红色山块。

在经历了类似赤水丹霞的峡谷和瀑布景观之后，地面流水进一步切割侵蚀，形成了峡谷纵横交错之景象。从峡谷网络依稀可见断裂构造切割的痕迹。在可以想见的未来，峡谷进一步变宽，山块分离，将演变成峰林和峰丛的景观。

碧水映丹崖，清流绕赤壁

　　峡谷纵横交错，流水九曲回肠，水上丹霞令人心旷神怡。丹霞崖壁上大大小小洞穴密集分布，形态各异，构成泰宁丹霞地貌的另一特色。

　　泰宁森林覆盖率高达 78.3%，保存了独特生物群落的动态演替过程，同时也是许多珍稀和濒危动植物种的栖息地。

大金湖（刘贤健摄）

金湖大赤壁（刘贤健摄）

上清溪百褶峡（刘贤健摄）

倾斜的一线天（刘贤健摄）

金龙谷（刘贤健摄）

金湖船岩（大型拱形洞）（刘贤健摄）
洞宽 100 米，深 42 米，高约 32 米

天穹岩（许欢摄）

在砾岩中发育的蜂窝状洞穴群，俗称"浴霸"

朱口镇东隆峰寺（许欢摄）

始建于明景泰帝以前，几经兴废，于1993年重建。每年农历四月初八各地善男信女云集于此
传经拜佛

尚书第（刘贤健摄）

尚书第俗称"五福堂"，为明朝兵部尚书李春烨建于天启年间（1621～1627年），是福建现存
规模最大、保存最完整的明代民居。这里居民日常饮水，也使用明代的水井，水井井圈上刻
着"隆庆""万历"等年号字样

泰宁旅游小贴士

泰宁县的火车和汽车客运发达，在泰宁古城旅游集散中心有公交车通往上清溪、寨下大峡谷和大金湖。泰宁县城和地质公园景区内，住宿方便。推荐两天精品旅游路线，让泰宁的安静清幽缓解都市生活的急躁。

第一天上午乘船游览大金湖。大金湖是国内少有的丹霞地貌与浩瀚湖水交相辉映的风景区。金湖水深色碧，岛屿星罗棋布，岸边群峰竞秀，有赤壁丹崖、水上一线天、猫儿山、十里平湖、虎头岩、甘露岩及甘露寺、尚书墓等名胜古迹 180 多处。乘船途中会在甘露寺、一线天等景点停靠，可以上岸游玩。

下午漫步寨下大峡谷及李家岩。寨下大峡谷由 3 条峡谷首尾相连，呈三角形，好似一条金色苍龙蜷卧在群山之中，故又名金龙谷。这里是观赏丹霞地貌的绝佳去处，峡谷两侧悬崖陡壁上布满洞穴，蔚为壮观。攀登李家岩，漫步丹霞岩槽栈道，品味明尚书李春烨读书之所，耕读文化沁人心脾。

第二天上午乘坐竹筏漂流上清流。上清溪九十九曲、八十八滩，筏行其中，仿佛进入一座古老迷宫。主要有鲤鱼跳龙门、金钟长鸣、五老看仙、阳光三叠、孔雀开屏、栖鹰崖、落霞壁和海市蜃楼等景点。上清溪是福建省负氧离子最高的地方，空气清新。

下午游览泰宁古镇及其人文景观。尚书第又称"五福堂"，原是明代天启年间兵部尚书李春烨的府第。这座建筑构思精巧，工艺精湛，既借鉴了京城官府建筑的恢宏气度，又融合了当地府第式建筑和徽派山墙建筑一些元素而构成了独具风格的大型府第式民居。明清园收藏了全国各地明清时期各流派古建筑以及珍贵木雕艺术珍品。

4.3 湖南崀山

壮年早期密集峰丛型丹霞

崀山国家地质公园位于湖南省新宁县境内，总面积108平方千米，包括八角寨、天一巷、辣椒峰、紫霞峒、天生桥、夫夷江六大景区，有三大溶洞和一个原始森林，构成一幅山青水绿丹霞红相互衬托的天然画卷。

崀山丹霞发育于资新盆地白垩纪红层，丹霞地貌成型于新近纪晚期及第四纪，属密集峰丛型丹霞。红层形成时，资新盆地的外围分布较多的石灰岩，造成红层中常见石灰岩砾石和碳酸钙胶结物。因此，崀山除了赤壁丹崖外，还兼有喀斯特地貌的特点，常见喀斯特洞穴、漏斗、洼地和落水洞。

千鲸闹海戏青山，红霞袅袅向天燃

崀山经历了类似赤水和泰宁的演化过程之后，继续演绎着崖壁受水流侵蚀和崩塌后退的故事。纵横交错的峡谷逐渐拓宽，山块逐渐被分割开来，在长期的风化侵蚀作用下，顶部浑圆，形成密集的峰林峰丛地貌景观。尽管峡谷巷谷依然很多，但放眼望去，已是一片峰峦叠嶂，鲸鱼闹海便是反映崀山演化阶段的最佳景观。

崩塌作用的鲜活案例

　　崀山的雷劈石原来由两个形态相近并紧靠在一起的方形石柱组成，酷似石柱双胞胎。2009 年 11 月 2 日晚，其中一个石柱突然倒塌。据当地地震局和气象局记载，崩塌发生的前几日内，没有任何地震和暴雨事件。看似坚不可摧、稳固牢靠的石柱如何悄悄倒塌？研究发现，由于石柱底部有一层松软的岩层发生快速风化，形成一圈水平凹槽，整个石柱变成了一个上大下小的陀螺形。随着圆形凹槽不断变深，石柱承受不住自身重力，底部最终被撕裂而发生倒塌，整个过程也得到计算机数字模拟的印证。这个石柱崩塌现象是丹霞地貌演化过程的一个小小缩影，丹霞景观就是在这样此起彼伏的崩塌中不断演化着。

崩塌前后的雷劈石（彭华摄）

八角寨鲸鱼闹海（密集型丹霞峰丛）（戴小辉摄）

层峦叠嶂、群峰挺立、气势磅礴、厚重雄浑。登临寨顶，举目可见方圆数十平方千米内百余
座单斜式丹霞石峰，云雾中露出峰尖，恰似茫茫大海中鲸鱼飞腾嬉戏的样子，景色迷人欲醉

大断裂两侧的地貌差异（唐彦华摄）

崀山中部南北向大断裂，左边岩层水平，单个石峰顶圆身陡麓缓；右边岩层倾斜，形成单面
山式丹霞峰丛

辣椒峰（贺君摄）

丹霞峰丛中右侧一块巨石凌空突兀，傲视群峰，高达 180 米，周长约 100 米，石脚周长约 40
米，顶圆脚小，酷似一只硕大无比的红辣椒

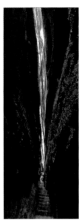

天下第一巷（丹霞一线天）（左为颜克明摄，右为潘新田摄）

两山峰绝壁对峙，人行其中抬头唯见一线青天。峡谷东北走向，长 238.8 米，崖壁高 80 ～ 120 米，最宽处 0.8 米，窄处 0.33 米。"天下第一巷"是我国著名地质学家陈国达先生所题，并赋诗一首"百寻峻岭一裂线，疑被巨人劈两边。人在缝中如入地，幸凭丝毫辨青天。"

天生桥（颜克明摄）

在群山环抱的峡谷中，由巨石崩塌构成单孔石桥，跨度长 64 米，拱高 20 米，桥面宽 14 米，厚 5 米，气势磅礴，鬼斧神工

将军石（贺君摄）

在夫夷江畔的高大丹霞石柱，耸立于山林之上，威武雄壮。乘船仰视，仿如一位将军迎面而来，头戴方巾，身披铠甲，手持玉带，美髯飘飘，俨然是关云长再世。该石柱海拔 399.5 米，净高 75 米，底部周长 40 米

夫夷江（李儒新摄）

崀山母亲河。江水清澈见底，蜿蜒于奇峰异石之间，沿途有将军石、笔架山、长堤柳岸、万古堤防、啄木鸟石、崀笏啸天、无字天碑、美女梳头、莲潭映月等景点

八角寨古寨门（颜克明摄）

崀山旅游小贴士

崀山距新宁县城 6 千米，游客可乘飞机或高铁到长沙、桂林、邵阳、武冈等地后，转乘汽车到达。推荐两天精品旅游线路。

第一天上午游览八角寨景区。八角寨又名云台山，位于广西资源县和湖南新宁县交接处，海拔 818 米，因主峰有八个翘角而得名，山顶有云台寺遗址。景区内主要景点有八角寨、龙门、巴掌岩、云台寺、龙头香、鲸鱼闹海、奕仙台、药王殿等。八角寨主峰西、南、北三面绝壁，仅沿东南面有曲径可及。登 1708 级石阶或乘索道而上直达山顶观景台，可俯瞰崀山全景。高空栈道悬挂绝壁、移步换景。鲸鱼闹海属密集型丹霞峰丛，气势磅礴，被誉为"丹霞之魂"。

第一天下午游览天一巷和紫霞峒景区。从八角寨景区搭乘旅游巴士约30 分钟可达天一巷景区，体验丹霞一线天绝景。走高空栈道，穿行一线天，观情侣岩、开口笑山、牛鼻寨、揽月梯、遇仙巷，游翼王石达开战斗过的太平军城堡。紫霞峒，一条曲径通幽的峡谷，周边有红褐色的悬崖峭壁。最佳观赏时间为日落时分，因夕阳斜照时反射出万道霞光、紫气腾升而得名。紫霞峒景区包括紫霞宫、万景槽、紫微峰、红华赤壁、乌云寨、刘光才墓、紫霞轩、象鼻石、红瓦山等景点。

第二天上午游览辣椒峰和骆驼峰。辣椒峰远观像一颗硕大无比的红辣椒插在崇山峻岭之中。站在峰顶可远眺燕子寨、林家寨、情人谷，观全国攀岩训练基地。骆驼峰紧临辣椒峰，由四座石峰组成，头、躯、脊、尾，错落有致，攀登中感受丹霞地貌的险峻与栈道的崎岖。

第二天下午夫夷江漂流。夫夷江发源于广西猫儿山，清澈见底，两岸奇峰异石、银白沙滩众多。乘竹筏而下，沿途观军舰石、啄木鸟石、将军石等丹霞象形景观，前往鸳鸯岛、何家湾大沙滩浪漫踏沙，感受碧水银滩的怡然乐趣。

4.4 广东丹霞山

壮年晚期簇群式峰丛峰林型丹霞

丹霞山世界地质公园位于广东省韶关市仁化县境内，总面积292平方千米，包括丹霞景区、韶石景区、巴寨景区、仙人迹景区与锦江画廊游览区。

这里是丹霞地貌的命名地，也是丹霞景观最典型、最丰富的地区，分布着680多座顶平、身陡、麓缓的红色山峰，赤壁丹崖密集成群，宛如一座座赤色城堡。

20世纪初叶，地质学家在对粤北进行地质地貌考察时，注意到这片与众不同的红色城堡状山峰，明艳的色泽，陡峭的崖壁，一眼望去如赤城一片。无论从岩石性质和形态景观等方面考虑，这样的地貌不属于以往人们认识的任何一种地貌类型。因此科学家便以丹霞山的名字命名了"丹霞地貌"。90多年来，相似的地貌在全国各地陆续发现，成为我国重要的风景旅游资源。

白垩纪晚期丹霞盆地开始接受沉积，形成红色碎屑岩（长坝组和丹霞组红色岩系）。

晚白垩世晚期与古近纪初期的造山运动，使丹霞盆地结束了内流盆地的沉积环境转变为外流剥蚀区。新近纪以来，该区整体上发生多次间歇性抬升，浈江、锦江水流侵蚀下切，多次抬升间歇期形成了海拔400米、300米及200米多级夷平面和河流阶地。据该区河流阶地沉积物释光测年结果，近50万年来，平均每万年约上升0.94米。大致推测，现代地貌是在五六百万年以来逐渐形成的。

由于断裂交错切割，山块被沟谷隔离，形成离散的城堡状、墙状、柱状、锥状的孤立山块；在多次间歇性、差异性抬升过程中，形成多级夷平面，同一个山体上也因岩层软硬相间而发育多层陡崖坡。因此，山群形成丰富的水平景观层和垂直景观层，构成了簇群式丹霞峰林－峰丛。

丹霞山已演化到壮年晚期阶段。与崀山不同，丹霞山的峰林和峰丛疏密相间；与泰宁不同，它经过广泛的侵蚀切割，已经难辨最初构造断裂的痕迹；与赤水不同，稀疏山峰顶部储存不了太多雨水，难以形成大量瀑布。但壮年晚期是景观最丰富的阶段，大型赤壁丹崖、迷宫式巷谷气势恢宏，开阔谷地恬淡幽静，峰林、峰丛峥嵘崔嵬，孤立石柱安详平和。既有城堡状山峰的泰然自若，也有一线天、洞穴、壶穴、石拱、穿洞以及各种造型地貌的惊心动魄。

有山千丈色如丹，三叠风光一径盘

丹霞山主峰分上、中、下三个景观层，可见赤壁丹崖、通天洞、百丈峡和方山石寨等丹霞奇观，有别传禅寺、锦石岩寺以及众多石窟寺遗址，历代文人墨客在这里留下了许多传奇故事、诗词和摩崖石刻。

隋唐时期丹霞山已有僧道进山经营，目前已发现石窟寺遗址多达40多处。丹霞山保留了各个历史时期的古山寨达200余处，悬棺遗址保存完好，摩崖石刻遍布各个山头，成为不可多得的古文化景观。

簇群式丹霞峰林（刘加青摄）
扬州寨丹霞峰林和蜡烛石石柱群

巴寨景区茶壶峰尖顶石峰和周围的石柱群（刘加青摄）

阳元石（丹霞石柱）和阳元山大石墙（刘加青摄）

长老峰锦石岩寺（刘加青摄）

川岩古山寨（朱家强摄）

千姿百态的丹霞洞穴

　　各种奇形怪状的洞穴是丹霞山特色景观之一。它们有的比较细小，密密麻麻地分布在丹霞崖壁上，有的宽大深邃，可作为道观寺庙、村民避难之所。

阳元山混元洞（刘加青摄）

差异风化作用形成的扁平洞穴。在砾岩与砂岩构成的地层结构中，砂岩的抗风化能力较弱，
容易风化凹进，而其上、下的砾岩层抗风化力强，相对凸出

阴元石（刘加青摄）
竖状洞穴，水流沿着垂直节理侵蚀而成

 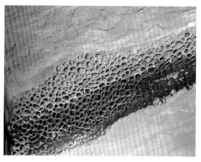

长老峰锦石岩寺龙鳞石（左由刘加青摄，右由陈留勤摄）
密集发育的小型蜂窝状洞穴，形似蜂巢，随着季节变化还会变换颜色。整体形态似崖壁上的
飞龙，是透水性较好的砂岩差异风化叠加生物作用的结果

阳元山风车岩穿洞（刘加青摄）

阳元山通泰桥（刘加青摄）

岩层中的洞穴经长期冲刷剥蚀，上部岩石悬空发生崩塌，洞穴不断变大甚至穿过山体形成穿洞，有时悬空呈桥梁状称为天生桥

飞花水河床上的壶穴（刘加青摄）

壶穴是水流带动砾石、泥沙发生旋转，冲刷磨蚀砂岩河床而成，规模较大者可称为圆潭。飞花水位于丹霞山西部，在其中游下段长约 250 米的红色砂岩河床上，发育 40～50 个壶穴，长口径为 0.6～2.5 米，短口径为 0.5～1.8 米，深度为 0.73～2.4 米，最大者开口直径和深度已达 5 米

丹霞山旅游小贴士

丹霞山交通便利，可乘坐火车或飞机到达韶关市，然后再乘坐公交车直达丹霞山景区。丹霞山有外山门和内山门两道门，游客可凭景区旅游门票在外山门免费乘坐景区专车，依次可到达阳元山、博物馆、内山门（长老峰入口）。外山门周边、瑶塘新村和断石村（阳元山）都有很多宾馆和美食店。丹霞山著名景区有长老峰、阳元山、翔龙湖、水上丹霞、巴寨等，全部游览需 4～5 天，小贴士为您推荐 2 天精品线路。

第一天登长老峰。在内山门由长老峰入口上山，沿石阶而上先到达锦石岩寺山门。沿路可见许多丹霞奇观，包括船头石的沉积岩层理、顺层发育的岩槽及崩塌岩块。在梦觉关陡崖上发育大型蜂窝状洞穴，北宋时期的法云居士路过此处，感叹"半生都在梦中，今日始觉清虚"。百丈峡有崩塌堆积形成的狭窄穿洞，最窄仅容一人通过，沿途可观察砾岩沉积特征、节理和断层。

锦石岩寺建在大型层控洞穴内，抬头是百余米高的红色陡崖坡，殿内由小型蜂窝状洞穴群构成的龙鳞石奇观、摩崖石刻，随处可见风成砂岩和大型交错层理。近可俯瞰锦江曲流，远处眺望睡美人景观。然后返回到半山亭继续上山，若遇见一座近似直立的红色砂岩崖壁上有许多摩崖石刻，便是紫玉台了。此处留下了许多名人石刻："丹霞""到此生隐心""法海慈航""诞先登岸""红尘不到""赤城千仞"及《丹霞山记》等。

爬上一段陡梯就到了别传禅寺，寺内可欣赏佛教文化，寺外可远观姐妹峰、巴寨等景观。若是累了可以在此处休息吃饭、休闲购物。养精蓄锐之后，就要挑战丹梯铁索，亲身体验丹霞地貌的陡峻险要。路过海螺岩、晚秀岩（大型扁平状洞穴），一直往山顶前进，最后登顶观日亭。在此处欣赏僧帽峰，体验丹霞地貌的独特之美。然后下山，到了长老峰东侧的休息长廊，有一处砂岩崖壁由于流水侵蚀和风化作用恰好形成一个"囍"字，人们称为双喜台。路过福音峡一线天，从紫玉台下山。如果想看日出，可在早晨五点钟前乘坐缆车上山至观日亭、韶音亭、舵石，欣赏气势磅礴的丹霞日出和云海。随季节变化，日出和日落时间会有不同，请留意当地天气预报。

第二天上午游览阳元山。阳元山主体为一石墙，旁边有一石柱酷似勃起的男性生殖器，惟妙惟肖，称为阳元石，有"天下第一绝景"之美誉。阳元石和阳元山石墙本是一体，构造抬升、断裂切割和流水侵蚀等作用，导致两者顶部分开但根部相连。石柱由于长期的风化侵蚀圆化作用，形成高 28 米、直径 7 米的象形石，挺傲苍穹。到达回春谷，植物长势茂密，曲径通幽。阳元山北坡可观察晒布崖景观。爬上石梯可见海豹石和通泰桥景观，通泰桥是岩石天生桥，可以在桥上行走。混元洞和狮子岩是大型扁平状洞穴，红层剖面岩性变化导致差异风化形成，保存有清晰的泥裂构造，洞穴内还可见古代寺庙建筑遗址。另外，从阳元石南侧有一条通往山顶的云崖栈道，步道狭窄且陡，需注意安全。步道途中向南可远观长老峰及锦江曲流，沿途也可见小型蜂窝状洞穴和龟裂构造。到达山顶后，可在嘉遁亭稍做休息。然后，向西穿过树林到达阳元山顶西侧的古山寨遗址（细美寨），此处是欣赏日落的最佳位置。然后沿着陡峭的步道（九九天梯）下山到园区公路上。

下午乘船游览水上丹霞。从阳元村桥头买票（或在客栈前台购买）上船，到丹霞电站大坝结束，共约 6 千米，一般需要 1 小时，沿途可欣赏睡美人、群象出山、仙人插掌、鲤鱼跃龙门、金龟朝圣、六指琴魔、古采石场、僧帽群峰等，还可以远眺拇指石、巴寨、茶壶峰、童子拜观音等景点。

4.5　江西龙虎山–龟峰

老年早期疏散峰林宽谷型丹霞

龙虎山–龟峰世界地质公园主园区位于江西鹰潭市西南郊，面积达 220 平方千米，由仙水岩、龙虎山、上清宫、洪五湖、马祖岩和应天山六大景区组成。此外，还包括上饶弋阳龟峰独立园区，面积 40 平方千米。

　　龙虎山－龟峰为老年早期丹霞地貌的典型代表，以造型奇特的孤峰、稀疏峰林和峰丛为特征。峰峦峭立，千姿百态，奇峰怪石，竞秀争妍。清澈的泸溪河贯流其间，陡崖绝壁中镶嵌有古越人崖墓奇观，风光绮丽，犹如人间仙境。丹山碧水、千年崖墓和道教祖庭被誉为龙虎山三绝。

仙水岩丹霞峰林（郭福生摄）

泸溪河两岸丹霞石峰浑圆，属丹霞地貌老年早期疏散型峰林。丹霞峰林与宽谷曲流融为一体，碧水丹山交相辉映，犹如人间仙境

　　龙虎山、象山、龟峰三个丹霞地貌集中区宛如三大盆景散落在信江盆地南缘。这里的地貌演化起始于晚白垩世晚期，新构造运动使红层盆地大幅度抬升，断裂构造也随之发育。在新近纪上新世，红层被抬升至侵蚀基准面之上，流水沿着断裂侵蚀下切，盆地边缘粗碎屑岩开始形成丹霞地貌景观，先后经历了青年期、壮年期和老年期发展阶段。盆地中央细粒沉积物形成低缓丘陵、侵蚀平原区。

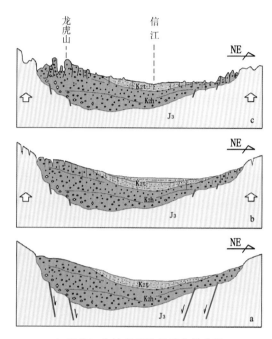

江西信江盆地丹霞地貌演化模式图

a.晚白垩世晚期红盆抬升，断裂发育；b.新近纪上新世盆地边缘开始形成丹霞地貌景观；

c.现今老年期丹霞地貌

仙人城（郭福生摄）

由晚白垩世河口组紫红色砾岩经构造隆升、断裂切割、流水侵蚀和崩塌作用形成的丹霞石寨

排衙峰（郭福生摄）

大型峰丛景观

金枪峰（郭福生摄）

老年期丹霞残峰。海拔118米，柱高约60米，直径45米。三面陡壁，雄伟挺拔，四周是平原、
孤丘组合，是老年期丹霞地貌的典型代表

仙女岩（郭福生摄）
被称为"天下第一绝景"。它是水流沿一条张性裂隙下渗，经过长期的冲蚀和溶蚀作用，形成了漏斗状的竖状洞穴。洞穴两侧十分对称地向外展开，近地面处呈规则的圆弧形。整个景观仿佛是一位仙女刚从泸溪河出浴尚未穿衣，端坐在岸边小憩一般。姿态是那样地自然平和，毫不忸怩作态

醉猴梦仙

情侣龟

天外来客

老君峰

象形石（丹霞石峰）（姜勇彪摄）

象鼻山（郭福生摄）

由石梁、竖状穿洞与陡崖组合成栩栩如生的巨型石象。竖状穿洞长 48 米，最宽处 5～8 米，向下敛合

龙虎山麓道气森，泸溪崖壁悬棺升

丹霞崖壁上由差异风化作用形成的近水平洞穴十分发育，古人利用这些洞穴安放逝者棺木。龙虎山仙水岩一带悬崖洞穴中保存着200多处春秋时期（2600年前）古越人崖墓悬棺，以年代久远、墓群集中、墓穴险要、文物珍贵被誉为"天然考古博物馆"，吸引了世界各地探险考古专家来此探求崖墓升棺之谜。现今当地山民开展的仿古升棺表演，是龙虎山特色旅游项目。

绝壁崖墓（郭福生摄）
天然绝壁洞穴是古越人长眠之所

龙虎山是中国本土宗教道教的发源地。东汉末年，第一代天师张道陵逆长江而上行至龙虎山，被这里的碧水丹山深深吸引。龙虎山丹霞地貌的圆、柔，泸溪河的清、净，与道教所倡导的圆、柔、

平、净极为相符，于是他在此结炉炼丹，创立道教。天师世家在龙
虎山承袭了 63 代，被誉为"中国道教第一山"。唐代著名佛教禅师
马祖道一曾在此讲授禅经，有"天下禅河中心"之美誉。

龙虎山环抱着正一观（郭福生摄）
龙虎山是道教发祥地，历经 1900 多年，一直是道教天师承袭之所和全国道教活动中心

天师府（郭福生摄）
天师府为历代大师生活起居和祀神之处，是我国南方保留的唯一一座中国古代宫殿式府第建筑群

龙虎山-龟峰旅游小贴士

龙虎山 - 龟峰世界地质公园和中国丹霞之龙虎山 - 龟峰片区都是由龙虎山、龟峰两个园区组成。

龙虎山园区位于鹰潭市郊西南20千米处，景区内有免费旅游专车，交通十分方便。游客住宿可选择鹰潭市内、龙虎山镇或者上清镇。推荐两日游精品线路。

第一天上午，上清古镇道教文化游。上清古镇名胜古迹很多，长约2千米的上清街上有长庆坊、留侯家庙、天师府、留侯第、天源德药栈、天主教堂等景点。沿河鳞次栉比的吊脚楼和船埠码头更让小镇显现出江南水乡的风格。天师府是历代天师生活起居和祀神之处。大上清宫位于上清镇东端，为历代天师阐教演法、传道受箓之所，有"仙灵都会""百神受职之所"之称。

下午泸溪河览胜游。正一观坐落在龙虎山脚下，坐北朝南，背山面水，风水奇特，是道教祖师张道陵当年炼丹得道之地。参观完正一观之后登竹筏在泸溪河上漂流，看两岸奇山怪石、悬崖洞穴和崖棺，是龙虎山旅游的最精彩节目。仙水岩是丹霞地貌景观最为集中之处，丹霞石寨、石峰、崖壁、扁平洞、竖状洞穴、崩塌堆积等景观十分丰富，千姿百态，惟妙惟肖。

许家无蚊村依山傍水，峰峦秀丽。村内树木葱茏，村前碧波荡漾，舟楫穿梭，冬暖夏凉，气候温和。村里有一奇特现象，就是终年不见蚊子，因此被称为"无蚊村"，是极为理想的避暑胜地。龙虎山是东南亚崖墓葬的发源地。仙水岩悬崖绝壁上有春秋战国崖墓成片出现，下临泸溪河，令人叹为观止。墓中所葬何人，为何要葬在悬崖绝壁之上，硕大的棺木如何放入洞穴之中？至今无人给出准确答案，已成"千古之谜"。弃筏观看升棺表演后，从象鼻山登上蜿蜒3000多米的高空栈道，近看悬崖峭壁上的沉积构造、风化洞穴、远眺仙人城、象鼻山、僧尼峰、蜡烛峰、金枪峰、金龙峰和泸溪河，景致绝佳。

第二天上午登仙人城。仙人城是典型的丹霞石寨景观，拔地而起288米，屹立于泸溪河西岸，四面陡峭，人迹难至，古人疑为神仙所居，故得名。唐朝诗人顾况赞叹道"楼台彩翠远分明，闻说仙家在此城。欲上仙城无路上，水边花里有人声"。登山800余级台阶过3道山门可至山顶，放眼四顾，整个龙虎山美景尽收眼底。仙人城是道家和佛家都看重的"神仙洞府"，仙气缥缈，有着深厚的文化底蕴。其上建有兜率宫、仙姑庵、仙风门、仙雨门，是秀丽的丹霞地貌与宗教文化有机融合最典型的地区之一，是欣赏丹霞石寨地貌，领略博大精深的中国古代道教文化的首选之地。

下午天门山天然氧吧游。天门山位于上清古镇东南，是龙虎山景区的最高峰，也隶属上清国家森林公园。此山属于晚侏罗世火山岩地貌。这里岭壑相间，峰峦连绵，流泉飞瀑，气势磅礴。绿树遍布，郁郁葱葱，珍禽欢歌，异兽闲逸，空气清新，是观光、休闲、度假、科考的极好地方。

龟峰园区位于上饶弋阳县西南郊，有高铁、高速公路和国道直达，交通十分方便。由龟峰、南岩两大景区构成。龟峰景区有千姿百态的龟形峰石，南岩景区是一个佛教圣地。明代地理学家徐霞客游览龟峰之后，赞叹道："盖龟峰峦嶂之奇，雁宕所无"。推荐一天旅游线路。

上午游览龟峰景区，入口区湖水清澈见底，湖水之上的"双龟迎宾"深受游客喜爱。在登山旅途中，可以依次欣赏展旗峰、老人峰、三叠龟、童子拜观音、天女散花、老鹰戏小鸡等景观，最后到清水湖体会丹山碧水的自然风光。下午游览南岩景区，先观看有"中华第一佛洞"之称的南岩寺，之后前往龙门湖远观世界上最长的弋阳卧佛。

"双龟迎宾"是两个石峰和石柱组合构成的景观，如同两只伸长脖子的巨龟。

　　展旗峰是一座典型的单面山，山坡一侧长而缓，另一侧短且陡，如同一面迎风招展的大旗。老人峰有移步换景的特色，从四个不同的角度观看，形态分别似"老人""武士""熊猫"和"村姑背篓"，惟妙惟肖，甚是有趣。

　　三叠龟在一座如劈似削高达77余米的石柱顶部，那里有三块形似乌龟的巨石相互重叠，故而得名。在三叠龟东南200米处有一块石柱形似神情肃穆的观音，在其下有一小石，形似跪着的童子，故称童子拜观音。龟峰南侧有一块高大的崖壁，水流飞洒时飘散成如玉般的雨花，蔚为壮观，如同天女散花。

　　清水湖修建于2000年，总面积200多亩（1亩≈666.7平方米），最深处达40米。这里是龟峰丹霞地貌绝佳的观景点。

　　南岩寺又名南岩佛窟，是我国东南地区重要的禅宗南系佛教圣地。此处的岩石主要为塘边组风成砂岩，发育大型交错层理，与龟峰景区砾岩不同。古人在砂岩洞穴内修建寺庙，在岩壁上开凿石龛。洞内现存石龛40余座，摩崖石刻10余处，展现了我国古代高超的石雕技艺。

　　龙门湖是一个小型水库，在高空俯视犹如一条巨龙潜伏在山坳之间，乘船可到弋阳卧佛的山脚下。卧佛山体自然天成，"山是一尊佛，佛是一座山"。卧佛全长413米，被十世班禅亲赐画师尼玛泽仁称为世界上最长的卧佛。

4.6　浙江江郎山

老年晚期孤峰型丹霞

　　江郎山国家级风景名胜区位于浙江省江山市城南石门镇，由三

岇石、十八曲、塔山、牛鼻峰、须女湖和仙居寺等部分组成，面积
11.86 平方千米。江郎山主体为三个高耸入云的山峰，其间构成两
条一线天。三个巨峰形似石笋天柱，拔地而起 360 余米，自北向南
呈"川"字形排列，依次为郎峰、亚峰和灵峰，人们称其为"三岇
石"，更有"神州丹霞第一峰"之美称。

　　江郎山属于演化到老年晚期的丹霞地貌。遥想江郎山所在的峡
口盆地在早期隆起时，曾如赤水地区一样峡谷悠长、飞瀑流泉。随
着地貌演化进程，它也曾像泰宁丹霞那样巷谷密布、九曲回肠，后
来又若崀山模样，峰林簇簇、群峰竞秀，似丹霞山一般城堡状山
峰疏密有致、大气磅礴，直到跟龙虎山一样奇峰异石、千姿百态。
曾经隆起成山的红层大部分已经消散在历史的烟尘里，如今只剩
下三座巨峰兀自挺立，无言地诉说着内外动力地质作用演变的
故事。

三峰云上千秋景，两壁源头一线天

　　江郎山三岇石拔地千尺，登郎峰顶远眺，如画江山尽收眼底。
江郎山的三岇石之所以能抵抗百万年侵蚀屹立不倒，主要是因为组
成它的砂岩和砾岩异常坚硬。三个巨峰之间是两条近似平行的峡
谷，从谷底抬头仰望，两壁夹峙，唯见一线蓝天。

三爿石（沈天法摄）

从左往右依次为郎峰、亚峰、灵峰，天半缥缈三爿石，疑是海市神仙家

一线天（沈天法摄）

两壁平行而笔直，犹如刀砍斧劈，气势雄伟

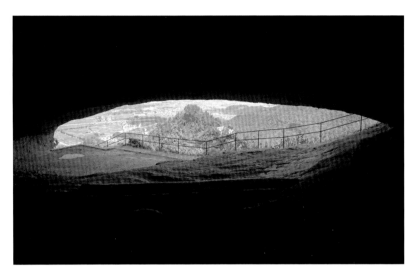

郎峰半山腰的钟鼓洞（沈天法摄）

江郎书院（沈天法摄）

江郎书院粉墙黛瓦，为唐代名儒祝东山长子祝钦明所建，先后有祝氏 10 人为之修缮扩建，苏辙曾作《重修江郎书院赋》。现在书院开设名人书画展和茶室，中堂供奉书院始祖祝东山画像

江郎山旅游小贴士

江郎山位于浙江省江山市郊，浙赣铁路从此通过，城区住宿非常方便。江郎山以雄伟奇特的"三爿石"著称于世，有千年古刹开明禅寺、千年学府江郎书院、霞客亭等人文景观。由于景点比较集中，推荐一天精品旅游线路。

从市区乘车到石门镇，登山到郎峰顶问天亭，原路下山后在霞客亭观三爿石全景，钻一线天，再游江郎书院、开明禅寺。

江郎山入口处景点叫天半江郎，是远眺江郎山的最佳位置。受地壳运动抬升和侵蚀残余形成的三爿石，高高耸立于云雾之中，如在半天之上若隐若现，故得名天半江郎。唐朝诗人白居易赞叹："安得此身生羽翼，与君来往共烟霞。"

自登天坪至郎峰顶峰，垂直高度 225 米，必须攀登在岩壁上开凿出来的 3500 余级石阶。石阶最宽处仅半米余，狭处刚够立脚，路边有铁护栏。石阶迂回盘旋在绝壁之上，身下为万丈深渊，惊险刺激。郎峰之巅生长着许多千年古木。郎峰天桥横架在郎峰和亚峰两块山峰之间，桥下峡谷云雾缭绕。

霞客亭是观赏三爿石的最佳景点，该亭是为纪念明代地理学家徐霞客三次游历江郎山而修建的。江郎山一线天夹于亚峰和灵峰之间，长和高都接近 300 米，宽为 3.5～5 米，两壁平行而笔直，仿佛巨斧劈出的石缝，仰视天余一线，气势雄伟，被誉为"中国丹霞一线天之最"。

郎峰脚下是饮誉东南的江郎书院和开明禅寺，分别始建于唐代和北宋。江郎书院南倚郎峰，北崎砖塔，左右壑深千仞，人迹罕至。书院鼎盛时期有一榜登仕 40 余人的盛况，名扬四海。